THORSTEN JOST

ALLE IN EINEM BOOT

WAS FÜHRUNGSKRÄFTE VON SEEFAHRERN LERNEN KÖNNEN

www.remote-verlag.de

© 2022 Thorsten Jost

Haftungsausschluss:
Die Ratschläge im Buch sind sorgfältig erwogen und geprüft. Alle Angaben in diesem Buch erfolgen ohne jegliche Gewährleistung oder Garantie seitens des Autors und des Verlags. Die Umsetzung erfolgt ausdrücklich auf eigenes Risiko. Eine Haftung des Autors bzw. des Verlags und seiner Beauftragten für Personen-, Sach- und Vermögensschäden oder sonstige Schäden die durch die Nutzung oder Nichtnutzung der Informationen bzw. durch die Nutzung fehlerhafter und/oder unvollständiger Informationen verursacht wurden, sind ausgeschlossen. Verlag und Autor übernehmen keine Haftung für die Aktualität, Richtigkeit und Vollständigkeit der Inhalte ebenso nicht für Druckfehler. Es kann keine juristische Verantwortung sowie Haftung in irgendeiner Form für fehlerhafte Angaben und daraus entstehende Folgen von Verlag bzw. Autor übernommen werden.

Sollte diese Publikation Links auf Webseiten Dritter enthalten, so übernehmen wir für deren Inhalte keine Haftung, da wir uns diese nicht zu eigen machen, sondern lediglich auf deren Stand zum Zeitpunkt der Erstveröffentlichung verweisen.

Bibliografische Informationen der Deutschen Nationalbibliothek

Die Deutsche Nationalbibliothek verzeichnet diese Publikation in der Deutschen Nationalbibliografie; detaillierte bibliografische Daten sind im Internet über http://dnb.dnb.de abrufbar.

1. Auflage
© Erscheinungsjahr by Remote Verlag, ein Imprint der Remote Life LLC, Oakland Park, US
Alle Rechte vorbehalten. Vervielfältigung, auch auszugsweise, nur mit schriftlicher Genehmigung des Verlages.

Redaktion: Isabelle Müller
Lektorat und Korrektorat: Lena-Charlotta Bauer, Annika Hülshoff
Umschlaggestaltung: Kaya Schwertner
Satz und Layout: Kaya Schwertner
Abbildungen im Innenteil: © Julia Kleene

ISBN Print: 978-1-955655-25-5
ISBN E-Book: 978-1-955655-26-2

www.remote-verlag.de

INHALTSVERZEICHNIS

Vorwort 6

1. KOFFER PACKEN 8
   Basic Safety Training 14
2. JENSEITS VOM WEIßWURSCHT-ÄQUATOR 14
   Einstimmung aufs Schiff 19
3. CHECK-IN. 22
   Die heiligen Hallen der Crew 23
   Das Crew-Labyrinth. 25
4. SAFETY FIRST 28
   Vertrauen ist die Basis 30
   Die größte Gefahr 31
   Die Box 33
5. WILLKOMMEN IN DER FAMILIE. 36
   Crew Welcome 41
   Die Dimensionen eines Schiffs 44
6. HERAUSFORDERUNGEN IM SCHIFFSALLTAG 48
   Ohne Flexibilität geht es nicht 51
   Alle Mann an Deck 56
   Wechseltag – Horrortag 60
7. MACHEN SIE IHRE MITARBEITER ZU STARS. 66
   Crew meets Band 68
   Smiling Star 71
8. DIE WELT ENTDECKEN 76
   Der nächste WLAN-Hotspot. 76
   Andere träumen davon 78
9. WAS ICH ALS MANAGER GELERNT HABE. 84
   Verantwortung übernehmen. 85
   Feedback geben – aber richtig 87
   Interkulturelles Schiffsleben 93
   Warum Seefahrer die besseren Mitarbeiter sind 99

10. FAZIT - EIN UNBEZAHLBARER ERFAHRUNGSSCHATZ.....104

Danksagung 106

In diesem Buch verwende ich die männliche Sprachform
aus Gründen der besseren Lesbarkeit
stellvertretend für alle Geschlechteridentitäten.

VORWORT

Es geht immer um den Menschen!

Menschen – sie sind das wichtigste Gut eines Unternehmens. Dieses Gut muss gepflegt werden. Der Schlüssel dazu heißt Führung. Historisch gesehen ist dieses Wort leider negativ behaftet, aber Führung ist bei richtiger Handhabung etwas sehr Positives.

Menschen wollen geführt werden, die einen mehr, die anderen weniger. Führung gibt uns eine Richtung vor und verschafft uns dadurch Orientierung. Sie gibt uns Halt, wenn wir unsicher sind, und sie verschafft uns Vorbilder, um uns selbst weiterentwickeln zu können. Gute Führung ermöglicht es, Menschen zu begeistern und zu einem Team zusammenwachsen zu lassen. Dieses Team ist dadurch in der Lage, selbst schwierigste Zeiten zu überstehen und gestärkt aus einer Krise hervorzugehen.

Ein Team besteht aus einer bunten Mischung von Menschen mit unterschiedlichen Charakteren und Talenten. Die Kunst der Führung ist es, diese alle zu synchronisieren und zu einer Einheit werden zu lassen, aber so, dass jeder so sein kann, wie er will. Die Individualität der Menschen bereichert uns in allen Bereichen – man muss es nur zulassen und wahrnehmen. Es ist lohnend, sich mit jedem einzelnen Team Mitglied zu beschäftigen, um seine persönliche Geschichte zu erfahren. Warum ist der Mensch so, wie er ist? Welche Werte sind für ihn wichtig, was treibt ihn an und wie ist sein Verhalten im täglichen Leben? Erst, wenn ich den Personen diese entsprechende Aufmerksamkeit und Wertschätzung entgegenbringe und ihre Geschichte kenne, bin ich in der Lage zu führen. Und die Menschen werden es dir danken. Sie können sich selbst verwirklichen, ohne sich verstellen zu müssen. Die Begeisterung der Menschen mit und für dich zu arbeiten, kennt keine Grenzen und ist beschaffen von einer hohen Loyalität. Die Folge davon ist, dass auch Sie als Führungskraft sich verwirklichen können.

Kümmern Sie sich um jeden einzelnen Menschen, seien Sie ehrlich zu ihnen, wenn es mal nicht gut läuft und sprechen Sie Ihre Anerkennung selbst für kleinste Erfolge aus. Kennen Sie die Macken, Ecken und Kanten Ihrer Mitarbeiter sowie ihre Vorlieben. Das macht Ihr Team und Sie als Führungskraft stark und erfolgreich.

Bernd Gaukler

1. KOFFER PACKEN

„Auf was für einen Mist habe ich mich hier eingelassen?", fluchte ich in Gedanken und zog meine beiden rund 23 Kilogramm schweren Koffer hinter mir her. Ausgerechnet der große, den ich mir kurz zuvor im Internet bestellt hatte, knickte alle paar Meter zur Seite, weil eine der vier Rollen abgebrochen war. Auf den Schultern trug ich einen Rucksack und quer über meinen Oberkörper hing meine Notebook-Tasche. Ich sollte im Laufe meiner Seefahrerzeit recht schnell lernen, nur das Notwendigste in meine Einsätze mitzunehmen. Aber als „Frischling" hatte ich beim Kofferpacken das Gefühl, meinen gesamten Haushalt einpacken zu müssen. Ich begann zu ahnen, wie sich ein Packesel wohl fühlen muss. Hinzu kam der Rostocker Nieselregen, der die steife Brise, wie der Nordmann sagt, nochmal ein Stück kälter erscheinen ließ. Und das, obwohl es August war. Hinter mir lag eine zwölfstündige Zugfahrt vom einen Ende der Republik zum anderen. Von den Bergen an die Küste – ein krasser Unterschied: klimatisch, architektonisch, menschlich. Ich holte mein iPhone aus der Tasche und suchte in Maps nach dem Weg zum Aus- und Fortbildungszentrum Rostock. Dort sollte auch das Wohnschiff Severa sein, mein Zuhause für die nächsten fünf Tage. Zehn Minuten Wegstrecke von der S-Bahn Haltestelle bis zum Ausbildungszentrum. Ich packte mein Smartphone in die Tasche und machte mich auf den Weg. Dabei dachte ich daran, mit welcher Geschwindigkeit die letzten Wochen vergangen waren.

Gerade mal 42 Tage war es her, dass ich im Juli 2013 an einem Moderatoren Casting bei einer Kreuzfahrt Reederei teilnahm. Bereits ein Jahr zuvor stellte meine Moderatoren Agentur aus München den Kontakt her, da im Rahmen der Fußball Europameisterschaft 2012 Moderatoren gesucht wurden. Bühnen-Profis, die für die Zeit der EM an Bord sein würden und dort Experten-Interviews führten, auf die Spiele einstimmten und den Stadionsprecher mimten. Leider klappte es zu diesem Zeitpunkt nicht, sonst wäre ich wahrscheinlich schon viel eher mit meinen Koffern unterwegs gewesen. Ein Jahr später schaute ich auf die Homepage des Kreuzfahrt-Unternehmens. Unter Jobs entdeckte ich, dass es auf der Suche nach Bordmoderatoren war. Zu diesem Zeitpunkt war ich über 13 Jahre lang bei unserem Lokalradio beschäftigt und Teil eines Teams, das den lokalen Rundfunk in der Region Chiemgau, Rupertiwinkel und Berchtesgadener Land revolutioniert hatte. Wie das so ist als Reporter beim Lokalfunk, kannte ich nach all den Jahren jeden Landrat und Bürgermeister mit Vornamen und hatte das Gefühl auf der Stelle zu treten. Deswegen sagte ich damals zu mir: „Ändere etwas. Suche neuen Input." In meinem Fall hätte das früher passieren können. Ist es allerdings nicht.

Ich habe mit der Zeit aufgehört, darüber nachzudenken „…was wäre gewesen, wenn…" und „…hätte ich nur schon früher…". Denn am Ende hat mich all das zu dem Punkt geführt, an dem ich heute bin. Als zufriedener Mensch bin ich zutiefst dankbar für die unglaublichen Erfahrungen, die ich sammeln durfte, und ganz besonders für meinen inspirierenden und wichtigsten Anker – meinen Sohn. Ich habe endlich mein „Warum" gefunden. Deswegen: Es sollte alles so kommen, wie es letzten Endes kam. Keiner von uns wird jünger. Deswegen schickte ich eine Bewerbung nach Hamburg. Ich war zu diesem Zeitpunkt freischaffend, hatte keine Verpflichtungen und den inneren Drang, das einfach zu machen.

Ich erinnere mich an diesen Tag sehr gut, weil er chaotisch ablief und ich extrem aufgeregt war. Ich flog mit dem Flieger morgens von Salzburg nach Hamburg. Das letzte Mal war ich dort zu Besuch bei meinem Onkel und das war schon ein paar Jahre her. Vom Flughafen aus fuhr ich mit der S-Bahn nach St. Pauli. Dort fand das Casting in den Proberäumen des Entertainment Bereichs der Reederei statt. Während der gesamten Fahrt hatte ich Angst, in der falschen S-Bahn zu sitzen, checkte zigmal den Fahrplan und verglich ihn mit den vorbeiziehenden Haltestellen. Ich war aufgeregt. Das verschlimmerte sich, als ich von der S-Bahn-Station Richtung Casting lief. Es roch nach Urin, Obdachlose lagen auf den Straßen und irgendwie fand ich es recht eklig. Zu Hause in den Bergen war ich mitten in der Natur und die Luft roch frisch. Von St. Pauli wusste ich, dass es abends und nachts ungemütlich werden kann, vor allem wenn ein Landei (wie ich) die falsche Gasse erwischt.

Nach gut zehn Minuten und mehrfachem Blick in meine Google Maps App auf dem Smartphone, ging ich die Treppen zur Eingangstür nach oben und klingelte. Der Empfang zeigte mir den Weg in das oberste Stockwerk zu dem Raum, in dem das Casting stattfand. Vor der Tür standen zwei Stühle und auf einem davon saß ein etwas älterer Herr. „Aha, die Konkurrenz", dachte ich mir, sagte „Hallo" und setzte mich. Nach einer gefühlten Ewigkeit wurden wir beide in einen Raum gerufen, in dem zwei Herren und eine Dame hinter einem langen Tisch saßen. Sie waren etwas älter als ich, Mitte 30 und begrüßten uns mit einem breiten Grinsen. Nach einer kurzen Vorstellungsrunde mussten wir unterschiedliche Moderationen improvisieren und zeigen, was wir konnten. Mal jeder einzeln für sich, mal in Doppel-Moderation. Nach gut 20 Minuten war der Spuk vorbei und ich sollte noch kurz sitzen bleiben.

Nun müssen Sie, liebe Leserinnen und Leser, wissen: Ich war schon das ein oder andere Mal bei einem Casting. Leider hatte ich fast immer ein nicht allzu gutes Gefühl danach, was sich meist bestätigte, da ich die entsprechenden Jobs nicht bekam. Sie können es mir glauben oder nicht, aber dieses Mal hatte ich ein gutes Gefühl. Das lag mit ziemlicher Sicherheit auch daran, dass mir die drei eine recht konkrete Frage stellten: „Wann könntest du frühestens beginnen?"

Um es auf den Punkt zu bringen: Das Casting lief sehr gut. Beim Hinausgehen und auf dem Flug nach Hause fühlte ich mich gut. Die Bestätigung kam prompt am nächsten Tag gegen Mittag. Ich erinnere mich, ich saß gerade im Auto und war auf dem Weg nach Hause. Es war kurz nach halb eins, als mein Telefon klingelte. Oli, einer der drei Juroren, war am Telefon: „Hi Thorsten, hier ist Oli von gestern. Ich wollte dir nur schnell den Tag versüßen und dir sagen, dass wir uns sehr freuen würden, wenn du unsere Flotte als Moderator verstärken würdest." Und er fragte, ob ich mir vorstellen könne, schon in sechs Wochen an Bord zu gehen. Ich zögerte keine Sekunde und sagte: „Ja, ich will". Als freier Mitarbeiter beim Radio und selbstständiger Moderator hatte ich zu diesem Zeitpunkt keine Verpflichtungen. Klar, der Geschäftsführer meines Senders und langjähriger Freund führte nicht unbedingt ein Freudentänzchen auf, als ich ihm meine Entscheidung mitteilte. Zumal bei einem lokalen Radiosender jede Stimme zählt und somit jeder Verlust eine große Lücke hinterlässt, die es erstmal wieder zu füllen gilt. Aber er freute sich für mich und sagte: „Wenn nicht jetzt, wann dann. Ein mutiger Schritt. Mach das bitte."

Die Wochen danach war ich aufgeregt und die Tage waren von enormer Vorfreude geprägt. Ich hatte großes Lampenfieber. Ich kannte und kenne dieses Gefühl sehr gut, bis heute. Lampenfieber lässt sich bezwingen, jedoch nicht komplett abschalten. In diesen Situationen wünsche ich mir oft, dass etwas Unvorhergesehenes passiert und mich aus der Situation befreit. Selbst der Untergang des Schiffs, auf dem mein Einsatz geplant war, kam mir in den Sinn. Hauptsache ich konnte bleiben, wo ich bin und mich verkriechen. Neben der Aufregung musste ich viel organisieren und erledigen. Wer kümmert sich um meine Pflanzen? Wo stelle ich mein Auto hin? Soll ich es verkaufen? Arztbesuche, Impfungen, Reiseapotheke. Die Liste wurde immer länger. Insgesamt würde ich ein halbes Jahr von zu Hause weg sein. Auch über Weihnachten und Silvester. Was ist mit meiner Steuererklärung, die ich Anfang des neuen Jahres bei meinem Steuerberater abgeben muss? Gedanken über Gedanken… Und dann war da noch mein soziales Umfeld. Sollte ich eine Abschiedsparty machen? Wie würde es sein, wenn ich über diesen Zeitraum meine Mutter, Geschwister und meine besten Freunde nicht sehe? Ja, es war eine stressige Zeit voller Freude, Ängste und Aufregung. Aber meine Entscheidung stand fest und ich wollte diese Gelegenheit von einem großen Tapetenwechsel nicht verstreichen lassen.

Besonders das Kofferpacken stellte mich vor eine Herausforderung. Laut meinem „Aufstiegs-Vorab-Informations-Schreiben" von der Reederei waren zwei Koffer à 23 Kilogramm erlaubt. Hinzu kamen Handgepäck und eine Notebook Tasche. „Ich kann doch nicht meinen kompletten Kleiderschrank einpacken", dachte ich laut. Kleidungstechnisch würde ich auf der Bühne sensationell aussehen. Denn ich erhielt eine komplette Moderatoren-Ausstattung. Insgesamt 40 verschiedene Outfits – die ich allerdings nur auf der Bühne tragen durfte. Das hieß für die privaten Ausflüge, den Besuch in der Crew-Bar oder auf dem Sonnendeck musste ich meine privaten Klamotten einpacken. Da ich nicht immer das Gleiche anziehen wollte, nahm ich das mit, was ich für einen normalen Urlaub mitnehmen würde. Trotzdem musste ich überlegt vorgehen, denn letztlich kam es darauf an, sich auf das Wesentliche zu beschränken. Möglicherweise lehne ich mich nicht weit aus dem Fenster, wenn ich sage: Sehr viele von uns haben Kleidungsstücke und Dinge im Schrank, die schon seit Monaten, wenn nicht sogar Jahren nicht mehr getragen wurden, richtig?! In meinem Fall war das der perfekte Zeitpunkt, mich von diesem unnötigen Ballast zu trennen. Ein sehr befreiendes Gefühl und, schöner Nebeneffekt, es schaffte Platz im Schrank. Davon hatte ich in meinen Koffern hingegen weniger. Um die Kabine, mein künftiges Zuhause, so gemütlich wie möglich zu gestalten, packte ich sperrige Bilder samt Rahmen genauso mit ein, wie viel zu viele

Schuhe. Ein schwarzes und ein weißes Paar sind Pflicht für die bordeigene Uniform. Hinzu kamen braune Sneakers sowie schicke Anzugsschuhe und Turnschuhe für Wanderungen oder längere Spaziergänge. Die Koffer waren kurz vor dem Platzen und brachten 20,6 und 23,2 Kilogramm auf die Waage. Zu diesem Zeitpunkt hatte ich keine Ahnung, dass ich die Hälfte von all den Dingen getrost zu Hause hätte lassen können. Definitiv etwas, das ich in den Jahren danach optimierte. Wie hat ein ehemaliger Kollege von mir auf die Frage „Was hat dich das Schiff gelehrt?" geantwortet: „Koffer packen." Im ersten Moment habe ich innerlich darüber gelacht. Denn das war nicht die Intention des Fragestellers. Der hatte, so wie ich, etwas Tiefergehendes erwartet. Im Nachhinein betrachtet war es eine wichtige Lektion: sich auf das Wesentliche beschränken.

In meiner Zeit als Seefahrer haben mir Gäste oft die Frage gestellt, warum ich mich für einen Job an Bord eines Kreuzfahrtschiffes entschieden habe. Meine Antwort war immer die gleiche: Ich wollte schon immer „Work and Travel" machen, aber es hat aus diversen Gründen nicht geklappt. Anfang meiner 20er träumte ich davon, in Australien Kiwis zu ernten, abends am Lagerfeuer zu sitzen und einem Gitarrenspieler zu lauschen. Ich träumte davon, in einem Nationalpark in Kanada die Ranger auf ihren Streifzügen durch die unendliche Wildnis zu begleiten, auf der Suche nach Grizzlybären und Wölfen. In Neuseeland hatte ich mir schon ganz konkret Jobs herausgesucht, die mich ein halbes Jahr über Wasser halten sollten und mir trotzdem erlaubten, viel von dem Land sehen zu können. Doch ich war gefangen in meiner Welt im oberbayerischen Berchtesgadener Land. Als Frühmoderator des heimischen Radiosenders träumte ich von einer Karriere als Sportmoderator beim Fernsehen. So aber stand ich Tag für Tag ab sechs Uhr morgens im Studio und weckte die Region auf. Ich hatte feste Kunden, die mich fix und regelmäßig als Moderator gebucht haben. Zwischendrin sprach ich Hörbücher ein und produzierte Podcasts für Firmen oder den Deutschen Bob- und Schlittensportverband. Als Fußballer war ich eng in der Region verwurzelt. Zu sehr liebte ich diesen Sport und das Drumherum, als dass ich es von heute auf morgen hätte hinter mir lassen können. Wenn auch nur für ein paar Monate. Aufgewachsen in einer großen, tollen Familie, waren auch meine Liebsten ein Grund zu Hause zu bleiben. Die Sehnsucht nach Freiheit und der Ferne war jedoch ständig in meinem Kopf verankert und lag auf dem Stapel „Irgendwann mach' ich das".

Diesen Stapel kennt jeder. Das ist der, wo ganz viele Dinge gesammelt werden, sich stapeln und nie umgesetzt werden. Mir gab es immer ein gutes Gefühl, wenn ich diese Bucket-List geführt habe. Hauptsache ich vergesse es nicht. Gehapert hat es letzten Endes an der Umsetzung. Dabei ist es so simpel: Einfach machen. Das Leben ist zu kurz, um sich einen Stapel aufzubauen mit Dingen, die man „irgendwann mal macht". Das war in der Zeit vor dem Schiff so und das ist heute noch so. Ständig waren und sind diese Dinge im Hinterkopf präsent und wann immer ich damals daran dachte, fühlte ich mich schlecht. Warum? Weil ich es bisher nicht geschafft hatte, diese Dinge umzusetzen und einfach zu machen. War es fehlender Mut? Oder brauchen wir alle diese Liste, um uns gut zu fühlen, weil wir ja noch so viel Tolles vorhaben? Was hilft es, wenn wir am Ende auf dem Sterbebett liegen und sagen: „Mensch, ich habe so viele tolle Dinge auf meiner Liste, die ich hätte erleben können." Das will keiner sagen. Am Ende meines Lebens möchte ich zurückblicken und sagen: „Wow, das ist meine Liste von all den wunderschönen Dingen, die ich erleben durfte." Einer meiner Lieblingssprüche ist:

„Das Leben sollte keine Reise sein, mit dem Ziel attraktiv und mit einem gut erhaltenen Körper an unserem Grab anzukommen. Wir sollten lieber seitlich hineinrutschen, Schokolade in der einen Hand, Martini in der anderen, unser Körper total verbraucht und schreiend: WOW, was für eine Fahrt!"

(Verfasser unbekannt)

Statt Australien, Neuseeland oder Kanada wurde es nun die ganze Welt. Mein erster Einsatz startete im Mittelmeer und danach ging es vier Monate auf die Kanaren und nach Madeira. Das war zwar erst der Anfang, aber bereits mehr als alles zusammen, was ich in meinem bisherigen Leben gesehen hatte. In den Tagen vor meiner Abreise war ich mir nicht mal sicher, ob ich das überhaupt machen wollte. Das Lampenfieber und der Gedanke daran, mich in eine Welt zu stürzen, von der ich nicht mal ansatzweise geträumt, geschweige denn eine Ahnung hatte, führten zu dem Wunsch alles abzusagen. „Nein, ich ziehe es durch!", dachte ich damals. Es gab so einige Situationen in meinem Leben, in denen ich den Schwanz eingezogen oder mittendrin aufgegeben hatte. Dieses Mal stellte ich mich der Angst vor dem Unbekannten.

2. JENSEITS VOM WEIẞWURSCHT-ÄQUATOR

Viel zu oft war ich damit beschäftigt, mir Gedanken darüber zu machen, was andere über mich dachten. Mir ging durch den Kopf: „Was ist, wenn ich an Bord als Moderator versage? Ich soll das bordeigene TV-Programm moderieren. Das ist auf der einen Seite cool. Auf der anderen Seite weiß ich nicht, ob ich das wuppe. Mein Englisch ist okay, aber nicht gut (dachte ich). Die Hauptsprache innerhalb der Crew ist Englisch. „Was ist, wenn ich mich blamiere?" Ein Grundwortschatz ist Voraussetzung und speziell, wenn es um Sicherheitsangelegenheiten geht, wie die Seenotrettungsübung oder Mannschafts-Trainings (sogenannte Drills), extrem wichtig. Die Anweisungen von der Brücke (Kommandozentrale), sämtliche Einweisungen und natürlich auch die Kommunikation mit Menschen aus 35 Nationen – all das findet auf Englisch statt. So viele Zweifel, die mich immer wieder übermannten. Wenn das geschah, rief ich mir ständig ins Gedächtnis: „Thorsten, du hast beim Casting überzeugt. Die werden sich schon was dabei gedacht haben." Mit diesem positiven Gedanken startete ich in das Abenteuer. Noch nie in meinem Leben war ich so froh, eine Entscheidung trotz aufkommender Ängste durchgezogen zu haben. Denn in den darauffolgenden sechs Jahren lernte ich schnell, dass all meine Bedenken völlig unbegründet waren.

BASIC SAFETY TRAINING

Als jemand, der aus den Bergen kommt, ist alles, was oberhalb vom Weißwurscht-Äquator liegt, eine andere Welt. Weißwurscht-Äquator ist die scherzhafte Bezeichnung für die gedachte Kulturgrenze zwischen Teilen Bayerns und dem Rest der Welt. Grobe Richtlinie ist das Verbreitungsgebiet der traditionellen Münchner Weißwurst. Demnach war Rostock für mich ein kompletter Kulturschock. Die Bauten, der salzige Geruch der nahen See und die tiefe Verwurzelung zur Seefahrerei. Kein Wunder, dass das Aus- und Fortbildungszentrum am alten Hafen in Rostock, in dem ich alles zum Thema Sicherheit an Bord lernen sollte, ein riesiger Komplex ist. Jeder Seemann muss vor dem ersten Aufstieg (und danach alle fünf Jahre zur Auffrischung) eine Ausbildung absolvieren, um die für den Aufstieg notwendigen Zertifikate zu erhalten. In meinem Fall waren das drei Tage, in denen ich alles über das Sicherheitssystem an Bord der Schiffe lernte. Dazu gehörten die internationalen Alarm-Signale genauso dazu, wie das Löschen eines Feuers. Ich bekam einen Überblick über die unterschiedlichen Bereiche an Bord. Welche Aufgaben haben die Feuertüren und wieso kann es lebensgefährlich sein, blinkende Lampen zu missachten, wenn sich gleichzeitig schwere „Watertight Doors" automatisch schlossen? Diese Türen werden bei einem möglichen Wasser-Einbruch geschlossen, damit nicht das gesamte Schiff geflutet wird und untergeht.

Nachdem ich mit meinen beiden Koffern, Rucksack und meiner Laptop-Tasche auf dem Gelände ankam, spürte ich große Vorfreude. Gleich würde ich zum ersten Mal auf Gleichgesinnte treffen, die sich ebenfalls für einen Job an Bord eines Kreuzfahrtschiffes entschieden hatten. Meine Unterkunft sollte das Wohnschiff Severa sein. Ein erster Vorgeschmack auf das, was ich in den kommenden Jahren erleben würde. Meine größte Sorge war, dass ich mir mit jemandem die Kabine teilen müsste. Ich betrat das Schiff und öffnete die Tür. Ein Tresen stand vor mir mit einem Schild darauf. Die Rezeption. Da der Check-in und die Messe (Speiseraum) in einem Raum waren, schweifte mein Blick durch die Reihen. An einem großen Holztisch hatte sich eine Gruppe von mehreren Personen zusammengesetzt. Alle bestens gelaunt. Mit Freude sah ich, dass jeder von ihnen ein Bier trank. Ein gutes Zeichen, war mein Gedanke. Ich nahm meinen Schlüssel in Empfang und machte mich auf den Weg zu meiner Unterkunft, ein Deck weiter unten. Die Treppe wand sich sehr eng in den Bauch des Schiffes. So eng, dass ich all meine Gepäckstücke einzeln tragen musste. „Hoffentlich habe ich die Kabine für mich", ging es mir durch den Kopf. Ich war zu diesem Zeitpunkt 32 Jahre alt, hatte schon über 12 Jahre allein, beziehungsweise mit meiner damaligen Freundin zusammengewohnt und konnte mir nicht vorstellen, einen Raum mit jemandem zu teilen. Zumal mir die Verantwortlichen von der Landseite der Reederei zugesagt hatten, dass ich als Bordmoderator ein besonderes Privileg hätte, obwohl es mein erster Einsatz war. Eine Einzel-Kabine. Dann würde das hier hoffentlich genauso sein.

Ich betrat die Kabine und zwei braune Augen schauten mich vom oberen Bett des Stockbetts an. „Hello, ich bin Dodong und ich komme von den Philippinen", sagte der künftige Kollege zu mir. „Eigentlich sollte ich schon auf dem Schiff sein, aber ich muss noch ein paar Tage hierbleiben.

Ich bin schon fertig mit meinem Kurs, bleibe aber hier, bis es losgeht." Ich schaute ihn an und dachte mir: „Na toll, das geht ja gut los." Da ich aber gut erzogen bin, antwortete ich freundlich: „Hi, ich bin Thorsten." Wir unterhielten uns ein wenig und gingen dann gemeinsam nach oben etwas essen. Auch das Bier kam mir in den Sinn. Nach dieser Anreise bei Nieselregen, mit einem kaputten Koffer und viel Schlepperei, war das bitter nötig. Eigentlich wollte ich erstmal allein sein und diese neuen Eindrücke verarbeiten. Es dauerte allerdings nicht lang und ich saß mit den anderen zusammen. Sie tranken immer noch gemeinsam Bier und unterhielten sich. Wir stellten uns gegenseitig vor und unterhielten uns über das, was uns wohl erwarten würde. Keiner von uns hatte eine Ahnung. In diesem Moment spürte ich zum ersten Mal, was das bedeutet: „Wir sitzen alle in einem Boot". Zum einen war es buchstäblich der Fall. Zum anderen waren wir alle mit den gleichen Erwartungen, Ängsten und der gewissen Spannung auf das, was hier in Rostock kommt, um uns auf unseren ersten Schiffseinsatz vorzubereiten. Innerhalb von diesen wenigen Tagen wurden wir eine kleine eingeschworene Gemeinschaft. Für Außenstehende mag das merkwürdig klingen. Genau das ist nämlich das Faszinierende an jenen, die sich auf so ein Abenteuer einlassen. Sie ticken alle gleich und sind offen dafür, ein neues Kapitel in ihrem Leben aufzuschlagen. Menschen, die nicht glücklich mit ihrer aktuellen Situation sind, haben zwei Möglichkeiten: entweder sie ändern nichts und bleiben unglücklich. Oder sie vollziehen einen Kurswechsel. Der ist mit Ängsten und Zweifeln verbunden. Ständig die Frage im Kopf: „Mache ich hier das Richtige?" Um das herauszufinden, gibt es nur den Weg, es auszuprobieren. Ist unser Leben nicht zu kurz, um es unglücklich und stoisch zu verbringen? Es hat so viel mehr zu bieten. Das habe ich für mich herausgefunden. Zwar musste ich erst knapp 40 Jahre alt werden. Aber ich habe diese Erkenntnis erlangt und das gibt mir ein gutes Gefühl.

Am nächsten Morgen ging es los. Der Unterricht fand tagsüber statt und wir hatten sowohl beim Pauken als auch außerhalb viel Spaß zusammen. Gleichzeitig waren wir alle mit der nötigen Ernsthaftigkeit dabei, denn schnell wurde uns klar, dass es an Bord auch ungemütlich werden kann. Im Rahmen des Trainings wurde uns unsere Verantwortung aufgezeigt. Wir sahen Bilder und Videos von dramatischen Ereignissen an Bord eines Schiffes und von dem, was uns auf See erwarten würde. In einer Sequenz sahen wir ein Schiff, das durch wilde See mit bis zu zwölf Meter hohen Wellen pflügte und von links nach rechts und von vorn nach hinten durchgeschaukelt wurde. Wir sahen Bilder der untergegangenen Costa Concordia und erfuhren die Hintergründe, wie es zu diesem Unglück im Januar 2012 kam. Die größte Gefahr an Bord, neben Felsen und Eisbergen, ist Feuer. Deswegen wurde diesem Bereich sehr viel Aufmerksamkeit geschenkt. Inklusive praktischer Übungen zum Feuerlöschen. Wir lernten die wichtigsten Telefonnummern an Bord und die international gültigen Notsignale. Was ist zu tun, wenn wir tatsächlich evakuieren und in die Rettungsboote müssen? Wie retten wir anderen das Leben? Speziell als es darum ging, haben wir etwas gelernt, was uns immer wieder begegnen würde: „Wenn jemand Panik schiebt, schickt ihn zum Angeln."

Das Spannende daran ist, dass sich diese Aussage auf jedes Unternehmen anwenden lässt. Es geht um die Frage: „Was ist zu tun, wenn es zu dem unwahrscheinlichen Fall kommt und die Evakuierung eingeleitet wird?" Zunächst ein paar Eckdaten: In ein Rettungsboot passen 150 Personen. Je nach Größe mehr oder weniger. Wenn es gefüllt ist, dann fühlen sich die Insassen wie eine Öl-Sardine in der Büchse. In den Jahren danach nahm ich regelmäßig an diesen Kapazitätstests teil. Das hieß, 150 Personen der Crew wurden dazu verpflichtet, in ein Rettungsboot zu steigen und sich auf die ausgewiesenen Plätze zu setzen. Platzangst inklusive. Um alle, die darunter leiden zu beruhigen: Es ist nicht so schlimm, wie es sich anhört und in der Regel verbringt keiner mehrere Tage darin. Wenn es also dazu kommt, dass die Mini-Schiffe zu Wasser gelassen werden müssen, dann gelten darin bestimmte Regeln. Wie viel Wasser darf jeder trinken? Was und wie viel gibt es zu essen? Wer ist fürs Fischen zuständig? Die letzte ist eine ernst gemeinte Frage und hat folgenden seriösen Hintergrund. Nehmen wir mal an, wir haben jemanden im Boot, der Panik schiebt oder versucht, das Kommando zu übernehmen, weil er (seines Erachtens) nicht genug Wasser erhält. Die Besatzungsmitglieder, die selbstverständlich ebenfalls in den Rettungsbooten oder auf Rettungsinseln sitzen, haben in dieser Hinsicht klare Instruktionen, wer was und wie viel bekommt. Dies waren übrigens beliebte Fragen von Auditoren, die mehrmals im Jahr die Schiffe besuchten und sowohl den Kutter als auch die Crew auf Herz und Nieren prüften. Nun ist da aber diese eine Person, die es in der Regel schafft, andere mit aufzuwiegeln. Die dabei entstehende Dynamik ist schwer zu handhaben und kann für alle Insassen gefährlich werden. Deswegen bekommt die Person das Angel-Kit in die Hand gedrückt mit dem

Auftrag: „Fang Fisch für uns alle." Das heißt, der Panikmacher wird isoliert und erhält eine Aufgabe, auf die er all seine Kraft konzentrieren muss. Seine Wut oder Energie wird umgeleitet. Es gilt, ihm klarzumachen, dass unser aller Leben von seinen Fischfang-Künsten abhängt. Oder er wird dazu verdonnert, die Passagiere an Bord zu zählen und zu beruhigen, weil er so stark und laut ist. Wichtig ist, ihn zu beschäftigen. Eine ähnliche Situation kann es auch bei Mitarbeitern an Land geben. Einem unzufriedenen Mitarbeiter, der sich in einem Team-Meeting in Rage redet und kurz vor dem Explodieren ist, kann eine klare Aufgabe zugeteilt und die Dynamik umgeleitet werden. In einem ersten Schritt gilt es, ihn aus der Situation herauszunehmen, um ihm dann eine (scheinbar) sinnvolle und extrem wichtige Tätigkeit zu geben. Wenn das gelingt, kann der Meeting-Leiter eine sich anbahnende schwierige Situation abwenden und der Mitarbeiter, beziehungsweise der meuternde Gast, behält seine Würde. Das, was ich in dem Training gehört habe und mitnehmen konnte, gab mir eine gewisse Sicherheit und Vertrauen in das System. Egal, welche Situation auf mich zukommen würde, ich war gewappnet – zumindest in der Theorie.

Nach erfolgreich bestandener Prüfung hatten wir einen letzten gemeinsamen Abend. Nur die Wenigsten würde ich im Laufe meiner Zeit auf dem Schiff wiedersehen. Zum ersten Mal wurde ich mit dem Abschiednehmen von Kollegen konfrontiert. Wir waren insgesamt nur vier Tage zusammen. Da wir aber auf engem Raum lebten und arbeiteten, wurden wir sehr schnell zu einer kleinen Familie. Für uns alle war es das erste Mal und deswegen war es für jeden von uns etwas Besonderes. Diese Schwermut, die mich beim Abschied erfasste, sollte ich im Laufe der Jahre noch viel intensiver erleben. Noch heute schaue ich mir die Handy-Fotos an, die wir gemacht haben. Jedes Mal versetzt es meinem Herz einen kleinen Stich und ich denke an die Kollegen und überlege, was sie jetzt wohl machen. Wenn jemand zu Ihnen kommt und sagt, er war Mitglied einer Crew-Familie, dann können Sie ihm das glauben. Genau dieses Gefühl macht das Leben und Arbeiten auf einem Kreuzfahrtschiff zu etwas Besonderem. Das Gefühl spüren am Ende auch die Gäste. Für Außenstehende ist das schwer nachzuvollziehen. Letztlich geht es um eine Sache: Es sitzen alle in einem Boot und teilen das gleiche Ziel.

EINSTIMMUNG AUFS SCHIFF

Ich war in Gedanken noch auf dem Wohnschiff Severa in Rostock, als ich in Hamburg im Hotel eincheckte. Nach meinem Basic Safety Training, bei dem ich alles rund um die Seefahrt und die Sicherheit an Bord eines Schiffes lernte, inklusive erster intensiver Crew-Erfahrungen, stand nun mein künftiger Job auf dem Programm. Welche Rolle sollte ich als Moderator auf dem Schiff spielen und wie sind die Strukturen? Wer ist mein Vorgesetzter, mein Team? Was ist meine Aufgabe? Vier Tage war ich in allen Abteilungen des Entertainments in Hamburg unterwegs und bekam ein Briefing nach dem anderen. Dazu gehörte auch, die Hierarchie und das Organigramm an Bord kennenzulernen. Ein Kreuzfahrtschiff besteht aus drei Bereichen: Maschinenraum, Brücke und Hotelbereich. Die Anzahl der Mitarbeiter hängt jeweils von der Schiffsgröße ab. Bei meinem ehemaligen Arbeitgeber gibt es die „kleinen" Schiffe mit einer Kapazität von 1.500 Gästen und 400 Crew-Mitgliedern. Die mittlere Größe kann 2.500 Gäste und 600 Mann Besatzung fassen. Die großen, neuen Schiffe liegen bei 4.500 bis 6.000 Gästen und über 1.000 Seefahrern. Und das sind noch nicht mal die größten Kreuzer, die auf den Weltmeeren unterwegs sind.

Die Hauptverantwortung an Bord trägt der Kapitän, welcher Herr über die Brücke ist. Vergleichbar mit einem Geschäftsführer, mit Patent. Sein Stellvertreter ist der Staff Kapitän, der auch verantwortlich für die Brücken-Offiziere und den gesamten Instandhaltungsbereich ist. Diese Position findet man in der Regel nur auf einem Kreuzfahrtschiff. Im Maschinenraum hat der „Chief" das sagen – der Chef Ingenieur. Mit seinem Team sorgt er für einen reibungslosen Antrieb und ist verantwortlich für alles, was mit der Technik an Bord zu tun hat. Er steuert, wie stark die Klimaanlage die verschiedenen Bereiche herunterkühlt und wann der Whirlpool zu blubbern anfängt. Der größte Bereich an Bord (mit den meisten Crew-Mitgliedern) ist der Hotelbereich. Für diesen ist der General Manager (GM) verantwortlich. Seit 2018 heißt er auch Hotel Direktor. Da zu meiner Zeit der Begriff General Manager aktuell war, nutze ich in weiterer Folge diesen Begriff für den Chef des schwimmenden Hotels. Zusammen mit dem Human Resources Manager bilden Kapitän, Staff Kapitän, Chief Ingenieur und General Manager den Schiffsrat.

Der GM hat vier Fachbereichsleiter unter sich. Das sind: der Hotel Manager, der Shore Operations Manager (verantwortlich für Ausflüge und zukünftige Reisen, sprich das Reisebüro an Bord), der Chief Purser (Zahlmeister und verantwortlich für die gesamte Administration) und der Entertainment Manager – auch Spaßminister genannt. Meine Position. Jedem von den vieren sind sogenannte Fachabteilungsleiter unterstellt. In den letzten Jahren gab es immer wieder Anpassungen und Veränderungen. Die Hierarchie an sich änderte sich nur geringfügig, ist jedoch nötig für einen reibungslosen Ablauf. Außerdem gehört das zum Schiffsleben einfach dazu. Eines habe ich immer wieder zu hören bekommen: Der Vorgesetzte schafft an, du führst aus. Nur einer steht noch eins drüber und das ist der Alte (Kapitän). Sein Wort ist quasi Gesetz. Deswegen immer schön freundlich und „Jawoll, Herr Kapitän".

In meiner sechsjährigen Laufbahn habe ich Seebären kennengelernt, die das ausgenutzt haben. Die meisten jedoch waren freundlicher und nahbarer als man es von einem klassischen „Käpt'n Ahab" mit Augenklappe und Hakenhand erwarten würde. Als Bordmoderator hatte ich nicht viel mit dem Obersten auf dem Schiff zu tun. Trotzdem war es immer ein komisches Gefühl dieser Autoritätsperson zu begegnen, was sich auf dem Stahlkoloss nicht vermeiden ließ. Die Gäste begannen zu tuscheln, wenn der Mann mit den vier goldenen Streifen auf der Schulter über die Decks lief. Uns Besatzungsmitgliedern ging es ganz ähnlich. Zu Beginn hatte ich immer das Gefühl, vor dem höchsten Amt an Bord etwas verbergen zu müssen, wenn ich ihm im Crew-Bereich begegnete. Hoffentlich fragt er mich nicht etwas zur Schiffssicherheit, ging es mir durch den Kopf. Denn so richtig sattelfest war ich am Anfang noch nicht, was das Thema Sicherheit anging. Im Laufe der Jahre hatte ich – aufgrund meiner höheren Position an Bord – sehr oft mit den Kapitänen zu tun. Es ist schwer zu glauben, auch der erste Mann an Bord ist nur ein Mensch, mit dem es viel zu lachen gibt. Er ist nicht zu beneiden, wenn ich daran denke, welche Verantwortung er täglich mit sich herumträgt. Verantwortlich für 2.500 Gäste (je nach Schiffsgröße mehr oder weniger) und für die gesamte Besatzung. Wenn der Kapitän einen Fehler macht, dann sind Schäden in Millionenhöhe noch das geringste Übel. Die, die ich kennenlernen durfte, entschieden immer richtig. Ihnen lag etwas am Wohl der Gäste und der Crew. Und sie wollten nicht im Gefängnis enden. Da gibt es andere, schwarze Schafe unter den Kapitänen. Dazu komm ich noch im Laufe des Buches.

Als Entertainment Manager war ich auch Moderator der bordeigenen Abend-Show. Im Rahmen dessen stellten wir unterschiedliche Abteilungen vor, agierten mit den Gästen, die meist sehr zahlreich mit dabei waren und führten interessante Gespräche mit den Menschen hinter den Kulissen. Der oberste Mann an Bord war regelmäßig zu Gast. Einen fragte ich mal, wie es sich mit dem Gedanken im Kopf, für das Wohl von über 3.000 Menschen verantwortlich zu sein, so lebe. Kapitän Baumgart antwortete darauf: „Wenn ich das ständig in meinen Gedanken präsent haben würde, wäre das schrecklich. Es würde mich verrückt machen. Ich konzentriere mich darauf, den Laden am Laufen zu halten und den Koloss ohne Kratzer ein- und auszuparken. Außerdem steht für mich das ständige Training der Besatzung an oberster Stelle. Damit jeder weiß, was er im Notfall zu tun hat." Damit hatte er natürlich Recht. Übung macht den Meister oder in unserem Fall: Übung rettet im Notfall Leben.

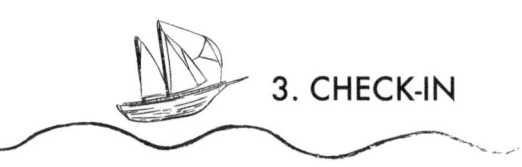

3. CHECK-IN

„Bist du aufsteigende Crew?", fragte mich der Kollege, den ich als Sicherheitsmitarbeiter des Schiffes ausmachte. Er und die anderen, die mit ihm am Eingang standen, schauten uns mit einem Lächeln im Gesicht an und gaben uns zu verstehen, dass sie „Bescheid" geben würden. Wem erschloss sich mir nicht, also wartete ich. Ich war sowieso mehr damit beschäftigt, mir das große weiße Etwas von unten nach oben anzusehen. Nur wenige Schritte entfernt lag es ruhig an der Pier-Mauer und bewegte sich so gut wie gar nicht. Ich war erschlagen von diesem riesengroßen Ungetüm aus Stahl. Was sich dahinter wohl alles verbergen würde? Meine Gedanken kamen nicht mal annähernd zur Ruhe, als uns eine junge Offizierin begrüßte und sagte, wir sollen ihr mit unserem Gepäck folgen. Es war die Crew Purseriein, also diejenige vom „Einwohnermeldeamt", wie ich später erfahren sollte. Vor selbigem stand ich ein paar Minuten später in einer Reihe mit 20 weiteren Neulingen und schaute mich neugierig um. Das kleine Büro lag auf dem Haupt-Crew-Weg oder auf der „Road", wie wir an Bord sagten. Denn das war die Hauptader für die Besatzung. Von dort gelangten wir in alle Bereiche des Schiffs beziehungsweise zu Aufzügen, mit denen wir nach oben fuhren, wo sich die Gäste aufhielten und wohnten. Dort, wo wir vom Crew-Bereich in den Gäste-Bereich wechselten, mussten wir durch eine Tür, an der ein Schild mit dem Schriftzug „Crew only" hing. Von dort aus zweigten alle paar Meter kleinere Gänge nach rechts und links zu den Wohnkabinen ab. Im mittleren und hinteren Teil ging es zur Messe und zur Müllabgabe. Dieser gesamte Trakt erstreckte sich von vorne nach hinten über die Decks zwei und drei. Vergleichbar mit einem kleinen Dorf, durch welches eine Hauptstraße führt, von der aus viele kleinere Nebenstraßen abzweigen, in denen sich die Häuser und Wohnungen der Bewohner befinden. Auf dem Schiff, auf das ich zum ersten Mal meinen Fuß setzte, hieß diese Straße „Papenburg Road", weil das Schiff in der Werft in Papenburg gebaut wurde. Auch alle weiteren „Wohnstraßen" der Mannschaft, hatten Städtenamen wie Hamburg oder Bremen.

In der Zeit, in der ich dort stand und darauf wartete einzuchecken, meinen Kabinenschlüssel und viele weitere Informationen zu erhalten (die mir komplett neu waren), gingen unzählige Menschen aus aller Herren Länder an mir vorbei. Der Großteil war asiatischen Ursprungs und jeder warf einen neugierigen Blick auf die Neuankömmlinge – auf die „Frischlinge". Auch der ein oder andere begehrliche Blick war mit dabei. Das war mir zu diesem Zeitpunkt noch nicht bewusst, denn wie ich später erfahren sollte, wurde die neue Crew auch gerne mal „abgecheckt". Neugier, um zu schauen, wer die nächsten Wochen und Monate mit an Bord wohnen würde. Denn das Zwischenmenschliche gehört im Leben der Crew an Bord eines Schiffes genauso dazu, wie das gemeinsame Arbeiten. Salopp wurde es auch „Fleischbeschau" genannt. Damit dürfte alles gesagt sein.

DIE HEILIGEN HALLEN DER CREW

Nachdem ich an der Reihe war, trat ich nervös in das kleine Büro des Crew Pursers, in dem zwei Damen für den Check-in der neuen Kollegen verantwortlich waren. Sie baten mich freundlich um meine Zertifikate, meinen Reisepass und die Kreditkarte und drückten mir im Austausch eine weiße Plastikkarte in die Hand – meine ganz persönliche Crew-Karte, mit der ich mich ab sofort ausweisen und alles bezahlen konnte, was ich an Bord konsumierte. Ich fühlte mich willkommen und war froh, dass bei meinen Unterlagen alles in Ordnung war. Eine kleine Unstimmigkeit hätte den sofortigen Abstieg bedeuten können. Manche Behörden in den Häfen sind derart streng, dass bei einem solchen Fehler das Schiff an die Kette gelegt werden muss, bis der Sachverhalt geklärt ist. Dieses Risiko geht in der Regel kein Kapitän ein. Deswegen passiert es immer wieder mal, dass ein Crew-Mitglied ein paar Tage zurück ins Hotel und im schlechtesten Fall nach Hause muss, um das Zertifikat berichtigen zu lassen. Neben meinem Kabinenschlüssel, der Alleskönner-Karte und einigen weiteren Unterlagen bekam ich ein kleines faltbares Heftchen in die Hand. Es war ein erster wichtiger Meilenstein bezüglich des Zusammenlebens und -arbeitens innerhalb der Crew. Der Flyer war mit viel Farbe und großem Aufwand erstellt worden. Darauf zu finden waren die Werte und das Leitbild, nach dem sich die Besatzung richtete.

Vor allem vier Schlagworte fielen mir sofort ins Auge:
- ⚓ Colorful (vielfältig)
- ⚓ Respectful (respektvoll)
- ⚓ Trust (Vertrauen)
- ⚓ Passion (Leidenschaft)

Entsprechend dieser Wertvorstellungen stellte sich das Unternehmen ein Miteinander an Bord vor. Meine Interpretation und wie ich dieses Miteinander in den Jahren danach kennenlernen durfte, sieht folgendermaßen aus:

Colorful
Wir kommen aus unterschiedlichen Ländern (bis zu 35 Nationen), mit unterschiedlichen Kulturen und Einstellungen zum Leben und Arbeiten. Hier an Bord leben wir friedlich miteinander mit dem gemeinsamen Ziel, unser Leben als Crew wertvoll zu gestalten und den Gästen (unseren Kunden) eine wunderschöne Zeit zu bescheren.

Respectful
Da wir aus unterschiedlichen Ländern, Religionen und Kulturen stammen, haben wir eigene Traditionen und Bräuche, die wir an Bord ausleben (dürfen). Dabei steht es keinem zu, dies in Frage zu stellen oder schlechtzureden. Wir respektieren einander.

Trust
Vertrauen ist die Basis. Es gibt Regeln, die wir einhalten müssen, um ein sicheres Leben an Bord zu gewährleisten. Wenn du sie brichst, kann das unser aller Leben gefährden. Ich vertraue dir, so wie du mir vertrauen kannst.

Passion
Wir sind aus den verschiedensten Gründen an Bord. Unser Job ist es, alles dafür zu tun, dass die Gäste – die schließlich unser Gehalt bezahlen, indem sie die Reise buchen – eine wunderbare Zeit erleben. Das machen wir mit Freundlichkeit und Leidenschaft, selbst in Zeiten, wo uns das Heimweh einholt. Ich bin für dich da, wenn du eine Schulter brauchst. Sei du für mich da, wenn ich eine Schulter brauche. Gemeinsam geben wir Vollgas.
Es ist eine Sache, diese Werte und die entsprechenden Erläuterungen auf einem Flyer zu lesen, der dann irgendwo in der Schreibtischschublade „auf Kabine" verschwindet. Es ist eine andere Sache, wenn dies automatisch gelebt und von Crew-Mitglied zu Crew-Mitglied weitergetragen wird. Im Briefing habe ich viel über meine Job-Beschreibung gehört und was ich an Bord zu tun habe. Der Umgang innerhalb der Besatzung wurde mir ebenfalls immer wieder eingetrichtert. Vor dem Aufstieg und noch viel mehr

auf dem Schiff. Ein Beispiel: Wann immer wir uns irgendwo im Crew-Bereich begegneten, ganz egal, ob wir im gleichen Department arbeiteten oder nicht, ob ich bereits im Management war oder als Moderator, ich sagte zu allen, denen ich begegnete, „Hallo". Das ist zur Rush-Hour auf der Papenburg Road stressig, weil ich gefühlt jeden Meter „Hallo" oder „Hi" gesagt habe. Aber das war mein kleiner Beitrag zur gegenseitigen Wertschätzung und dazu, anderen Respekt zu zollen. In dieser Hinsicht werde ich weitere Beispiele in diesem Buch nennen, die das immer und immer wieder unterstreichen.

DAS CREW-LABYRINTH

Nachdem ich meinen Kabinenschlüssel erhielt, holte mich ein Kollege ab und half mir dabei, meine Kabine zu finden. Denn eine Logik, die hinter dem Crew-Labyrinth steckt, war in den ersten Wochen schlichtweg nicht zu erkennen. Treppe runter, links und den ersten Eingang rechts nicht verpassen… dann um die Kurve… und die Eckkabine, das war meine. Findet jeder hin, kein Problem, oder?! Es machte Sinn die Kollegen, die schon länger an Bord waren, darauf hinzuweisen, den Frischlingen im Team zu helfen, wann immer es nötig war. „Wenn ihr jemanden auf dem Boden sitzen seht, weinend und völlig verzweifelt, dann fragt bitte, wo er oder sie hinmöchte", sagte ich in den Team Meetings immer dann, wenn ich wusste, dass Neue zu uns stoßen würden. Das Problem an Bord war nämlich, dass die Korridore an einem Tag geöffnet und an einem anderen geschlossen sein konnten. Das hing damit zusammen, ob ein Schiff auf See war oder im Hafen lag. Auf See mussten die sogenannten „Watertight Doors" (wasserdichte Türen) verschlossen werden, aus Sicherheitsgründen. Damit ein Crew Mitglied nicht völlig verzweifelte, wenn es auf der Suche nach seiner Kabine war und vor der verschlossenen Tür stand, war es extrem wichtig die „alternative Route" zu kennen, wie wir innerhalb der Teams zu den Wegen sagten, die uns ebenfalls ans Ziel brachten, allerdings über andere Korridore und Treppen. Deswegen wird Neuankömmlingen jedes Mal beim Aufstieg (aufs Schiff) ans Herz gelegt, ihren Weg zum Arbeitsplatz oder zur Messe immer anders zu wählen. Mal dieses Treppenhaus zu nehmen oder die entgegengesetzte Richtung einzuschlagen als die, die sie sonst nahmen. Nur so ist es möglich, all die verwinkelten Pfade und Wege kennenzulernen und genau zu wissen, an welchen Tagen welcher Weg wohin führt. Im Notfall kann das Leben retten. Ein nicht unerhebliches Argument, wenn es darum geht, sich in dem Labyrinth zurechtzufinden.

Als ich zum ersten Mal meine Kabine betrat, war ich froh darüber, darin ein Bullauge und dementsprechend Tageslicht vorzufinden. Außerdem erspähte ich ein Bett, einen Schreibtisch und ein Waschbecken, das sich hinter den Türen eines Wandschranks versteckte. Liegestütze sind bei der Länge einer Kabine möglich. Bei Burpees wird es schwierig. Die Gedanken, die mir durch den Kopf gingen, pendelten zwischen „Ich will nach Hause" und „Auf ins Abenteuer". Zu Hause bewohnte ich eine große Zwei-Zimmer-Wohnung mit viel Platz. Nun galt es einen Teil meines Hausstandes in einer Räumlichkeit unterzubringen, die gerade mal vier Quadratmeter maß. Nachdem ich meine Koffer und meinen Rucksack ausgepackt hatte, stellte ich fest, dass es vollkommen ausreichend war. Gemütlich und mein Zuhause für die nächsten fünfeinhalb Monate. Ursprünglich viereinhalb, dazu komme ich später.

Die Crew-Bar ist das Wohnzimmer für die Besatzung. Dort befindet sich nicht nur eine Bar, an der das Bier 50 Cent und der Gin Tonic einen Euro kostet. Es gibt auch eine Dartscheibe, einen Kicker-Automaten, einen Flipper, eine Karaoke-Anlage, Bücher, Zigaretten, Snacks und die lebensrettenden Würstchen im Brötchen nachts um halb zwei, wenn die Messe schon geschlossen hat. An diesem Ort spielt sich das Leben der Crew ab. Hier kommen Menschen aus über 35 Nationen zusammen, tauschen sich aus und lernen sich und die Kultur der anderen kennen. Das Schöne ist, dass die Crew sehr oft total gemischt an den kleinen Tischen und auf den dunkelblauen Sofas sitzt und lacht – einfach eine gute Zeit hat. Dieser Ort auf Deck eins ist ein entscheidender Grund, warum ich das Leben an Bord so sehr genossen habe. Dort saß ich Abend für Abend und habe mich mit den Kollegen ausgetauscht. Dort erfuhr ich vieles über andere Länder und Sitten und erlebte unglaublich lustige Partys. In unmittelbarer Nähe befanden sich noch ein Fitnessstudio und die Crew-Sauna. Beides habe ich während meiner gesamten Zeit an Bord (leider) nie genutzt. Ich ging lieber ins Fitnessstudio im Gästebereich auf Deck elf. Dort war es hell und die Luft war um Welten besser als in dem kleinen stickigen Raum, wo sich die Crew schwitzend auf dem Laufband oder beim Pumpen verausgabte. Nichtsdestotrotz waren beide Bereiche meist gut ausgelastet und die Crew dankbar, diese Möglichkeiten nutzen zu können.

Auf einer Kreuzfahrt ist die Verpflegung mitunter das Wichtigste für die Gäste. Anders ist die Gewichtszunahme von einem Kilogramm nicht zu erklären. Ein Kilogramm pro Tag, wohlgemerkt. Wenn es um die Bewertung einer Reise geht, steht und fällt eine Reise mit der Leistung der „Galley" (Küche). Nicht umsonst wird der Chefkoch von den meisten Kapitänen als „der eigentlich wichtigste Mann an Bord" vorgestellt. Für die Crew hat die Verpflegung den gleichen Stellenwert. Da keine Möglichkeit besteht, selbst einzukaufen und sich das zu kochen, worauf man Lust hat, haben die Köche auf Deck drei eine große Verantwortung. Genauso ist es eine Herausforderung, ausreichend Essen für (in meinem Fall) 600 Besatzungsmitglieder zu kochen. Gerüchte, dass die Asiaten auf einem Kreuzfahrtschiff kein europäisches Essen erhalten, entbehren jeder Grundlage. Die Europäer bedienen sich an den asiatischen Köstlichkeiten. Umgekehrt essen die Asiaten gerne mal Schnitzel mit Pommes. Interessant war jedes Mal die Sitzverteilung. Je nach Schiff gab es bestimmte Tische, an denen immer die gleichen Departments (Abteilungen) saßen. Komischerweise wurde das nie in Frage gestellt und jeder Neuling wurde automatisch von den Kollegen an den entsprechenden Tisch gelotst. Und so wurde das von einer Aufsteiger-Generation zur nächsten weitergegeben. Mit diesem System waren alle fein und wenn es mal Unstimmigkeiten gab, dann sicherlich nicht in der Crew-Messe. Außer einer der Köche hat zu viel Salz für die Kartoffeln verwendet. Das konnte vorkommen, war aber eher Seltenheit. Falls sich trotzdem die Beschwerden über das Essen häuften, wurde alles darangesetzt, dies zu ändern. Es war ein klares Zeichen der Führungskräfte an die Besatzung: Wir hören euch und wir kümmern uns darum. Das Wohl der Crew lag den Leadern am Herzen. So banal es klingt, so etwas „Einfaches" wie das Essen gehörte mit dazu. Oftmals sind es die einfachen Dinge, die dazu führen, dass sich Mitarbeiter wohlfühlen und glücklich in ihrem Job sind.

4. SAFETY FIRST

„Wenn du mehr als 0,5 Promille Alkohol im Blut hast, setzt dich der Kapitän auf die Pier." Das war ein Satz, den ich zu Beginn meiner Zeit immer wieder hörte. Der Satz hatte eine große Wirkung auf mich. Sicherlich haben wir viel gefeiert und Alkohol getrunken. Doch dieser Satz war ständig präsent und bei jedem Schluck Bier oder Gin Tonic hatte ich ein schlechtes Gewissen. Zumindest zu Beginn meiner Seefahrer-Zeit. Es war wichtig, dass die Crew sich an diese Alkohol-Grenze hielt. Denn es konnte jederzeit ein Alarm losgehen und dann waren wir für die Gäste verantwortlich. Mit dösigem Kopf konnte das ganz schnell gefährlich werden. Zusätzlich gab es einmal im Monat einen random Alkoholtest. Das hieß, jeder in der Crew, selbst der Kapitän, konnte von der Reederei zu einem Test verdonnert werden. An einem Tag X kam eine Mail von Land, in der die Kollegen aufgelistet waren, die zum Pusten mussten. Darauf hatte ich wirklich keinen Bock. Ich gebe zu, es war nicht leicht auf die Alkohol-Grenze zu achten. Vor allem an einem lustigen Abend. Wenn du dann mittendrin auf Wasser oder Saft umsteigst – das killt die Stimmung. Leicht war es auch deswegen nicht, weil das Bier in unserem „Wohnzimmer" billig war und Feiern erlaubt waren. Selbst Crew-Partys, die von der Schiffsführung genehmigt wurden, fanden alle paar Monate statt. Vor allem wenn es eine beschwerliche Saison war.

Es gab nämlich Einsätze, die besonders anstrengend waren. Das hatte nichts mit den Gästen zu tun, sondern vielmehr mit behördlichen Vorgaben, die den Alltag in den Häfen erschwerte. Ein Beispiel: Wenn ein Schiff in Abu Dhabi im Orient festmachte, mussten die Reisenden und die gesamte Besatzung zum sogenannten „Face-Check". Beim Face-Check muss jeder, der mit dem Schiff einreist, mit seinem Ausweis bei den Behörden vorstellig werden und erhält dann eine Einreisegenehmigung, sprich einen Stempel in seinem Reisepass. Das Zeitfenster, wann das für die Schiffsmitglieder möglich war, wurde von den Behörden von Anlauf zu Anlauf geändert. Als Crew-Mitglied wusstest du nicht, ob du überhaupt den Stempel erhalten würdest, mit dem du einen Land-Ausflug unternehmen konntest. In einer Saison, in der ich im Orient im Einsatz war, fuhren wir während einer Sieben-Tages-Reise den Hafen von Abu Dhabi zweimal an. Das bedeutete zweimal in der Woche Face-Check für die Crew plus Face-

Check für die Urlauber. Um es letzteren so leicht wie möglich zu machen, wurden bei jedem Anlauf Crew-Mitglieder abgestellt, die den Gästen halfen und sie entsprechend anleiteten. Denn die Hafenbehörden-Mitarbeiter waren ungeduldig. Um deren und die Nerven der Gäste zu schonen, war es wichtig, alle wichtigen Dokumente parat zu haben. Nach drei Monaten kamen da einige Stunden zusammen, die zusätzlich zur normalen Arbeit geleistet wurden. Das war so anstrengend, dass danach gerne mal eine Party für die Besatzung genehmigt wurde.

Ebenso nach besonderen Ereignissen, wie zum Beispiel einer Hubschrauber-Evakuierung. Genauso wurde nach einer langen und beschwerlichen Reise vom Sommer- ins Winter-Fahrtgebiet etwas organisiert. Dem Kapitän und seinem Schiffsrat standen dafür ein Incentive-Konto zur Verfügung, das es in so gut wie jeder Firma gibt. Von dem Geld, das in diesem Topf lag, wurde regelmäßig etwas für die Crew getan. In den meisten Fällen war das eine Feier. Die wurde vom schiffseigenen Speakers Committee organisiert. Das Sprachrohr der Crew kam regelmäßig mit dem Schiffsrat zusammen. Die Mitglieder wurden aus sämtlichen Abteilungen gewählt und konnten die Anliegen ihrer Kollegen anbringen. Darüber hinaus hatte jeder in der Besatzung die Möglichkeit, etwas an das Committee heranzutragen, falls ihm etwas auf dem Herzen lag. Das konnte der Wunsch nach einem neuen Kicker für die Crew-Bar sein oder die Qualität des Essens in der Messe, wenn sie denn nachließ. Alle paar Monate fand ein Crew-Bingo statt, wofür dem Speakers Committee ebenfalls ein Budget für tolle Preise zur Verfügung stand. Das waren Fotokameras, Playstations, Gutscheine oder Bluetooth-Lautsprecher. Beim Crew-Bingo erhielt jedes Besatzungsmitglied einen Schein und an diesem besonderen Abend kamen alle in der Crew-Messe zusammen und spielten das beliebte Spiel, bei dem es darum geht, die genannten Zahlen anzustreichen und darauf zu hoffen, eine Reihe, ein Quadrat oder eine diagonale Zahlenreihe zu haben.

Zurück zur Party. Es war ein Abend, an dem die Besatzung feiern durfte. Das geschah entweder in der Crew-Bar oder auf dem Pooldeck. Da das Pooldeck ein öffentlicher Bereich war, also Gäste herumliefen, bekamen wir eine Ecke, in der wir umsonst Getränke erhielten. Dies verführte manchmal dazu, es zu übertreiben. Deswegen wurde in den Tagen zuvor eindringlich davor gewarnt, zu viel zu trinken. Die Bordordnung sah vor: Mehr als 0,5 Promille und du warst raus. Ich will nicht sagen, dass das immer zu 100 % eingehalten wurde. Aber nur in den seltensten Fällen musste hart und in hoher Anzahl durchgegriffen werden. Es gab sogar eine „Vereinbarung" zwischen den Offizieren und den Crew-Mitgliedern: Wenn einer von der Mannschaft scheinbar zu viel intus hatte, dann sollten die Kollegen ohne großes Aufsehen dafür sorgen, dass er auf seine Kabine gebracht wurde. Es bestand immer die Möglichkeit, dass ein Notfall ausgerufen werden könnte, aufgrund eines Feuers, einer Kollision oder eines sonstigen Ereignisses. In so einer Situation musste jeder einen klaren Kopf behalten. Dieser Verantwortung waren sich alle bewusst, vom Jobverlust und der fristlosen Kündigung mal ganz abgesehen.

Es gab Gäste, die so ein Vorgehen zu krass fanden, weil sie es der hart arbeitenden Crew gönnten, wenn sie mal Gas geben und feiern konnten. Sie verstanden aber, dass es im Notfall darum ging, Leben zu retten. Es ging ja nicht nur um die Gäste, sondern um die Kollegen gleichermaßen. Jeder hat dem anderen eine gewisse Verantwortung gegenüber. Im Fall der Fälle ging es darum, die Sicherheitsaufgabe zu erfüllen – und zwar richtig. 99% der Crew waren sich darin einig. Vielleicht fragen Sie sich jetzt: Warum 99% und nicht 100%? Schwarze Schafe gab und gibt es in den besten Familien. Das war und ist in der Crew-Familie nicht anders.

VERTRAUEN IST DIE BASIS

Der Kapitän ist der höchste Mann an Bord eines Schiffes. Er ist Vorbild und (im besten Fall) ein begnadeter Leader. Leider gibt es auch unter den Kapitänen schwarze Schafe, wie das Unglück der Costa Concordia im Januar 2012 gezeigt hat. Kapitän Francesco Schettino hat mit seiner feigen Flucht vom sinkenden Schiff gezeigt, was passiert, wenn jemand die Vertrauensregel missbraucht. Wenn ich als Crew-Mitglied an Bord kam, legte ich automatisch mein Leben in die Hände des obersten Mannes an Bord. Meist jemandem, den ich zuvor noch nie gesehen hatte. Stichwort blindes Vertrauen. Als Schettino das Schiff gegen einen Felsen vor der italienischen Insel Giglio steuerte und die Seite aufriss, hätte er womöglich alles richtig machen können, wenn er nicht in einem Rettungsboot abgedampft wäre. Hätte er die nötigen Rettungsmaßnahmen eingeleitet, wären am Ende sicherlich nicht 32 Menschen gestorben. Er hätte lediglich das „Programm" für einen Notfall abspulen müssen. Wie ich in einem Auffrischungskurs ein paar Jahre später erfuhr, wäre genug Zeit gewesen, die notwendigen Maßnahmen einzuleiten. Das wäre aber nur gelungen, wenn der Kapitän auf der Brücke geblieben wäre und seinen Job gemacht hätte. Aber wie heißt es so schön: Die Ratten verlassen das sinkende Schiff.

Eineinhalb Jahre nach der Katastrophe stieg ich zum ersten Mal auf ein Schiff und dachte keine Sekunde an das Unglück der Costa Concordia. Wird schon alles gut gehen, war das Einzige was ich im Kopf hatte. Immerhin wurden jede Menge Lehren gezogen und die Kapitäne aller Reedereien danach verstärkt sensibilisiert und ihrer Verantwortung noch mehr bewusst gemacht. Warum sollte ausgerechnet auf meinem Schiff etwas passieren? Aber erschreckend und fassungslos bin ich noch heute, wenn ich daran denke, was der italienische „Feigling" getan hat.

DIE GRÖSSTE GEFAHR

Ich erinnere mich an meine erste Sicherheitseinweisung an Bord, die mir ganz besonders im Gedächtnis geblieben ist. Die sogenannte „Induction" musste jeder, der neu auf ein Schiff kam, absolvieren. Ganz egal, ob er zum ersten oder zum 150. Mal an Bord war. An drei Tagen wurde jeweils für eine Stunde all das aufgefrischt, was ich in Rostock beim Basic Safety Training gelernt hatte. Jedes Schiff hat seine Eigenheiten und Regeln. Auf dem einen Kutter ist alles etwas strenger. Auf dem anderen sehen es die Verantwortlichen etwas lockerer. Allerdings, wenn es um wirklich ernste Dinge geht wie Feuer oder andere Gefahren, sind die Abläufe die gleichen oder zumindest sehr ähnlich. Bei dieser ersten Lehrstunde sagte der Sicherheitsoffizier von der Brücke etwas, das ich mein Leben lang nicht vergessen werde. Das Thema war Feuer. Er sagte: „Gebt euren Kollegen eine Chance." Was meinte er damit? Die größte Gefahr an Bord eines Schiffes ist Feuer. Aus diesem Grund waren bei uns (das ist bei jeder Reederei unterschiedlich), Glätteisen für die Haare, Bügeleisen oder Kerzen verboten. Genauso der Tischgrill oder Wunderkerzen. Für die Raucher gab es auf jedem Dampfer ausgewählte Bereiche, wo sie sich ihre Glimmstängel anstecken konnten. Der besagte Offizier meinte mit seiner Aussage: Niemand solle auf die Idee kommen, „auf Kabine" – wie man im Schiffsslang sagt – eine zu rauchen oder Kerzen an Bord zu schmuggeln. Es kann ganz schnell passieren, dass bei Seegang eine Kerze umfällt. Oder die Glut einer

Zigarette auf den Teppich fällt. Ehe sich der Kollege versieht, brennt es lichterloh. Die giftigen Dämpfe, die in dem Mini-Zimmer entstehen führen möglicherweise sehr schnell zu Ohnmacht und somit könnte der Kollege nicht mehr die Notfall-Nummer wählen. In den engen Korridoren, in denen eine Kabine neben der anderen liegt, würden sich die Gase sehr schnell verbreiten und keiner in diesem Bereich hätte eine Chance. „Gebt euren Kollegen eine Chance…und lasst es einfach sein". Ich erinnere mich noch. Als er diesen Satz beendete und er bei uns ankam, war es totenstill. Alle schauten verstohlen auf ihre Hände oder blickten ins Leere. Ja, es gab Rauchmelder an jeder Ecke. Ja, es gab Überwaschungskameras in der Wäscherei oder in der Küche. Trotzdem würde sich ein Feuer sehr schnell ausbreiten und war eine große Gefahr für alle an Bord. Und ja, es gab auch eine „Feuerwehr". Das waren Besatzungsmitglieder, die im Vorfeld eine besondere Ausbildung zur Feuerbekämpfung erhielten, vergleichbar mit der Truppmannausbildung bei der Freiwilligen Feuerwehr, der Grundausbildung. Im Falle eines Alarms würden diese Kollegen als erstes vorrücken und mit kompletter Ausrüstung (Feuerwehr-Anzug, Atemschutz-Equipment, Feuerwehr-Schläuche) die Flammen bekämpfen. Ein beruhigender Gedanke, schoss es mir durch den Kopf, als ich in die Runde blickte. Die meisten von uns kannten sich null Komma null und trotzdem mussten wir einander vertrauen. Immer wieder dachte ich in der Anfangszeit daran: Was ist, wenn mein Kabinennachbar eine Zigarette in seiner Kabine raucht? Was ist, wenn er mit brennender Zigarette einschläft? Oder wenn der Stengel nicht komplett aus ist und er ihn in den Mülleimer wirft? Ich war mir ziemlich sicher, dass meine Sinne – vor allem mein Geruchssinn – von diesem Tag an schärfer waren.

Ich lernte allerdings sehr schnell, dass kein Grund zur Sorge bestand. Wir alle wollten leben und diese Seefahrerzeit in vollen Zügen genießen. Keiner kam in all den Jahren auf die Idee, (großen) Mist zu bauen. Zumindest auf den Kuttern, auf denen ich eingesetzt wurde. Was ich gelernt habe: Blind vertrauen ist nicht einfach. Manchmal bleibt einem jedoch nichts anderes übrig. Das Gefühl, dass das Vertrauen nicht missbraucht, sondern immer wieder bestätigt wurde, löste in mir etwas aus. Es fühlte sich an, wie eine ruhige See nach einer stürmischen Nacht mit sieben Meter hohen Wellen. Die Menschen, die ich an Bord kennenlernen durfte, waren (meistens) tolle Kollegen, die ihren Job auf dem Kreuzfahrtschiff aus Leidenschaft ausübten. Sie alle sprachen immer wieder von der „Familie", die wir an Bord waren. Und seiner Familie tut man in der Regel nichts zu Leide.

DIE BOX

Ein viel zitierter und immer wieder zu hörender Satz war: „Safety First!" Selbst wenn die Pool-Party in vollem Gange war oder wenn nur noch eine Zahl zum Bingo fehlte – sollte in diesen Sekunden etwas passieren, ging die Sicherheit vor. Ich erinnere mich an die Weihnachtsparty im Jahr 2016. Die Route, die ich in diesem Winter fuhr, war die Kanaren-Kapverden Tour, eine zweiwöchige Reise. Wir hatten eine gute Stunde zuvor die Weihnachtsgala im Theater beendet und Gäste wie Crew feierten auf dem Pooldeck eine fette Party. Es war angenehm warm, die Sterne standen am Himmel und eine laue Brise wehte über das Deck. Aus den Lautsprechern dröhnten die größten Party-Kracher und alle waren in großartiger Stimmung. Plötzlich wurde es still und es ertönte eine Lautsprecher-Durchsage von der Brücke. Das Signal-System an Bord ist so programmiert, dass alles, was in diesem Moment aus den Lautsprechern an Bord erklingt, stumm geschaltet wird. Bei einer Poolparty, die in vollem Gange ist, erschrickst du im ersten Moment ob der Stille. Zumal das bis dato während meiner Seefahrer-Karriere noch nie vorkam. Was wir hörten, war ein geheimer Code, der signalisierte, dass etwas nicht stimmte. Wir schauten uns an und jeder von uns wusste: Das ist kein Spaß. Bei allen Crew-Mitgliedern war eine gewisse Nervosität in den Augen zu erkennen. Ein Feuer? Eine Explosion? Piraten, die (in diesem Fahrtgebiet eher unwahrscheinlich) durchs Wasser schipperten? Langsam, um keine Panik zu verbreiten, zogen sich die Besatzungsmitglieder zurück. Diejenigen, die im laufenden Betrieb arbeiteten (Bar, Restaurant, DJ) blieben auf ihren Stationen und taten so als ob nichts wäre. Trotzdem waren ihre Gesichter wie versteinert. In so einem Fall gab es ein festgelegtes Prozedere, das in Gang gesetzt wurde. Jede Abteilung hatte bestimmte Sammelplätze, um dort auf Informationen von der Brücke zu warten. Nach einer Viertelstunde kam unser General Manager mit ernstem Gesicht ins Theater. Dort war der Treffpunkt für meine Teams aus dem Entertainment Bereich. „Das ist keine Übung", sagte er laut und auch er war sichtlich durch den Wind. Gespannt lauschten wir, was los war. Auf einem der Außendecks, direkt unter der Reling wurde ein Paar Schuhe gefunden. Kein Besitzer weit und breit. Die Vermutung: Jemand ist von Bord gesprungen. Deswegen müssen wir die Gäste und die

Crew-Mitglieder zählen, sagte unser Boss. Für uns hieß das, in die Kabine, Rettungsweste anziehen und schnellstmöglich zu den Sammelstationen. Sobald die Besatzung angetreten sein würde, würde der General Alarm für die Gäste ausgerufen. Nur so könnte ermittelt werden, ob die Personen auf dem Schiff vollzählig sind. Einerseits war das eine gute Nachricht, weil wir nicht in unmittelbarer Gefahr schwebten. Auf der anderen Seite hatten wir Angst vor der Reaktion der Gäste. Denen war durchaus aufgefallen, dass die geheime Durchsage etwas bedeutete. Als wir alle verschwanden machten sie sich sicherlich ihre Gedanken. „Und das an Heilig Abend", dachte ich mir.

Dem Kapitän ging es in diesen Minuten nicht anders als uns. Er entschied sich zunächst für eine Durchsage, in welcher er erklärte, was sich zugetragen hatte und fragte, ob jemand vielleicht etwas über die Schuhe wisse. Danach wollte der Kapitän zehn Minuten warten, ob der Besitzer an die Rezeption kommen würde, bevor er zu weiteren Maßnahmen greift. Die Minuten zogen sich und Nervosität machte sich breit. Es bestand keine Gefahr, aber die unberechenbaren Reaktionen der Gäste, die kurz vor Mitternacht mit Rettungsweste auf ihre Sammelstationen kommen müssten, machte uns alle nervös. Als der Durchsage-Ton erklang, hielten wir die Luft an. Jetzt gleich würden wir zügig in unsere Kabinen gehen, die Rettungswesten holen und zu unserer Station laufen. Stattdessen atmeten wir alle durch. Der Besitzer der Schuhe hatte sich an der Rezeption gemeldet. Wie sich später herausstellte, hat der junge Mann die Schuhe sauber gemacht und zum Trocknen raus aufs Deck gestellt. Im Laufe des Abends hatte er schlichtweg vergessen, die Treter wieder zurück in seine Kabine zu bringen. Eine kleine Vergesslichkeit, die zu einer mächtig großen Aufregung führte. Erleichterung machte sich breit. Wir übten den Ernstfall wöchentlich, trotzdem war die Situation komisch. Der ein oder andere Kollege hatte in der Nacht noch Redebedarf in der Crew-Bar. Auch dafür ist dieses „Wohnzimmer" da. Um einen Schreckensmoment wie diesen, den wir an Heilig Abend 2016 durchlebt hatten, zu verarbeiten. Was ich im Nachhinein sehr erstaunlich fand, war die routinierte Vorgehensweise. Sicherlich waren wir alle angespannt und plötzlich in einer Situation, in die keiner von uns je gelangen wollte. Trotzdem wussten alle, was sie zu tun hatten. Wo sie hinzugehen und wie sie sich den Gästen gegenüber zu verhalten hatten.

„Safety First". Dies gilt an Bord in allen Bereichen und ebenso, wenn es um zwischenmenschliche Beziehungen innerhalb der Besatzung geht. In den geheimen Hallen der Crew gibt es diese eine Box, die auf jedem Schiff ein wenig anders aussieht und für alle Crew-Mitglieder dauerhaft zugänglich ist. Bei bis zu zehn Monaten am Stück – und aufgrund der Tatsache, dass der Großteil der Besatzung aus Junggesellen besteht – kommen sich Kollegen innerhalb der eigenen oder aus unterschiedlichen Abteilungen gerne und oft sehr nahe. Oftmals huschen Besatzungsmitglieder Abend für Abend von ihrer eigenen in eine fremde Kabine. In der Regel ist es bei den meisten so ein „Schiffs-Ding". Einige Beziehungen schaffen es allerdings auch über die Seefahrer-Zeit hinaus. Es entstehen Ehen und Kinder aufgrund eines Techtelmechtels. Manchmal gewollt und gewünscht, manchmal nicht. Damit letzteres nicht passiert, gibt es die Box. In der Krankenstation. Das Hospital – wie es bei der Besatzung heißt – ist komplett ausgestattet, um auf alle erdenklichen Notfälle und Krankheiten vorbereitet zu sein. Meist sind zwei Ärzte an Bord, die sich im 24-Stunden Takt abwechseln und drei bis vier Krankenschwestern (weiblich wie männlich). Die Krankenstation ist in zwei Bereiche aufgeteilt. Auf der einen Seite ist der Crew-Wartebereich mit einem eigenen Eingang. Auf der anderen befindet sich der Eingang für die Gäste mit einem eigenen Wartezimmer. Dort ist vor allem an Seetagen ein geschäftiges Treiben, wenn draußen ein Sturm wütet und die Wellen höherschlagen. Für manche Gäste (auch Erstfahrer innerhalb der Crew) ist das Ablegen aus dem Hafen schon so etwas wie ein Orkan, bei dem der Magen rebelliert. Das Hospital schafft dabei Abhilfe mit Pillen gegen Seekrankheit, Tabletten gegen Kopfschmerzen, usw. Selbst ein Röntgen-Apparat befindet sich im bordeigenen Mini-Krankenhaus. Es gibt zwar eigene Öffnungszeiten für die Mannschaftsmitglieder, aber im Notfall wird kein Unterschied gemacht, ob Besatzung oder Gast. Die Box allerdings ist NUR für die Crew. Sie ist randgefüllt mit Kondomen und jedes Crew-Mitglied kann – wann immer ihm danach ist – schnell in das Zimmer huschen (es ist dauerhaft geöffnet), den Deckel der Box zur Seite schieben, hineingreifen und sich auf eine schöne Nacht freuen. Safety First. In allen Belangen.

5. WILLKOMMEN IN DER FAMILIE

Kürzlich hatte ich ein interessantes Gespräch mit einem Geschäftsführer, der sich über eine relativ große Fluktuation in seinem Unternehmen wunderte. Er erzählte mir von einem aktuellen Fall. Es ging um einen Kollegen, der nach einem halben Jahr seine Kündigung eingereicht hatte. Unter Berücksichtigung der Probezeit, die dazu dient, sich gegenseitig kennenzulernen, kann und darf das durchaus passieren. Dafür ist eine Probezeit da. Besser ein Ende mit Schrecken als ein Schrecken ohne Ende. Diese Situation hat den Geschäftsführer trotzdem in eine leichte Notlage gebracht. Bei der Position, auf die sich unser Gespräch bezogen hat, handelte es sich um einen Bereich, der enorm wichtig ist und schnellstmöglich nachbesetzt werden sollte, um einen reibungslosen Ablauf zu gewährleisten. Ich fragte nach, was denn passiert sei in der Zeit. Er erzählte mir etwas, das mich regelrecht schockierte. Der Mitarbeiter war gerade mal eine Woche dabei, als er notgedrungen eine Schicht übernehmen musste, für die er noch gar kein Wissen und vor allem keine Erfahrung hatte. Aufgrund von chronischer Unterbesetzung und dem fehlenden Know-how, wie ein Mitarbeiter ausreichend eingelernt wird, wurde der Mitarbeiter ins kalte Wasser geworfen. Das ist sicherlich manchmal nicht zu vermeiden. Nur dann gilt es ihm vorher Schwimmflügel anzulegen und ihm zu helfen, die richtige Richtung einzuschlagen. Nichts von dem war geschehen. In diesem Unternehmen war jeder Mitarbeiter so sehr in seiner Welt gefangen und mit seinem eigenen täglichen Ablauf beschäftigt, dass der Blick über den Tellerrand hinaus fehlte. Gemäß dem Motto: „So haben wir das schon immer gemacht. Ein neuer Mitarbeiter muss lernen damit zurechtzukommen. Punkt." Doch damit nicht genug.

Der Mitarbeiter wurde mit einer Aufgabe betraut, die er nicht stemmen konnte. Selbstverständlich sind ihm dabei Fehler unterlaufen. Doch statt mit ihm konstruktiv darüber zu sprechen, haben die anderen Kollegen auf ihm herumgehackt. Selbst verbale Attacken, die über einen außerhalb des Rahmens liegenden Lautstärke-Pegel hinausgingen, blieben nicht aus. Ich halte nochmal fest: Die erste Woche. Ohne Einarbeitung ins kalte Wasser geschmissen, ihn allein schwimmen lassen und sich dann lauthals darüber beschweren, dass er ständig untergeht. Als ich das gehört habe, wusste ich erstmal nicht, was ich sage sollte. Als der Mitarbeiter kündigte, war die Überraschung beim Chef und seinen Mitarbeitern groß. Für mich war das die logische Konsequenz des Gepiesackten. Nicht nur, dass er sich völlig allein gefühlt hat. Er wurde zusätzlich mit einer Erwartungshaltung behandelt, die ein Mitarbeiter (egal wie qualifiziert) in dieser kurzen Zeit nicht leisten kann. In meinen Augen ist es die Aufgabe von einem bestehenden Team, einen neuen Kollegen herzlich aufzunehmen und ihm einen Leitfaden an die Hand zu geben. Das geht damit los, ihm zu zeigen, wie die Kaffeemaschine angeschaltet wird, bis hin zu komplexen Abläufen, die den Arbeitsalltag bestimmen. Es gilt, ihm einen warmen Empfang zu bereiten und ihm Voraussetzungen zu schaffen, die er benötigt, um in einem neuen Arbeitsumfeld zu bestehen. Entscheidend ist: Er muss sich wohlfühlen und wissen, dass er sich jederzeit hilfesuchend an seine Kollegen wenden kann.

Ich erinnere mich noch sehr gern an einen Job an Land, den ich zwischen zwei Einsätzen hatte. Die Idee damals war, meine Grenzen auszutesten. Konnte ich mit meinem Wissen, das ich in den Jahren als Entertainment Manager sammelte, auch eine hohe Position an Land stemmen? Ich bewarb mich nicht aktiv, sondern wurde vermittelt. An ein Hotel, das den Entertainment Bereich strukturieren wollte. Dafür suchten sie einen „Corporate Entertainment Manager". Jemand, der für die beiden Anlagen des Hauses für den Unterhaltungsbereich verantwortlich sein sollte. Der dortige Geschäftsführer war Bernd Gaukler, der viele Jahre als Personalleiter im Hotel Atlantic Kempinski in Hamburg und als Personal-Direktor der Upstalsboom Häuser gearbeitet hatte. Er hat mir damals, zu Beginn meiner Einarbeitungszeit, einen Rat gegeben: „Ich erwarte von dir zu Beginn keine Wunder. Mein Rat: Schau dir in den nächsten zwei bis drei Monaten die Abläufe an. Mach dir ein Bild von den Mitarbeitern. Sprich mit ihnen und finde heraus, wie sie ticken. Danach kannst du anfangen, Veränderungen anzustoßen." Damit ich diesen Job erledigen konnte, war alles perfekt vorbereitet. Ich hatte einen funktionierenden Arbeitsplatz, ein hochwertiges Notebook, einen Dienstwagen und alles was ich benötigte, um mich sofort auf meine Arbeit konzentrieren zu können. Das ist es, was ich gerade meinte mit „Voraussetzungen schaffen". Wenn ich in den ersten Tagen und Wochen ständig damit beschäftigt gewesen wäre, die IT anzurufen, weil meine E-Mail-Adresse nicht funktioniert oder in der Buchhaltung nach Büromaterial zu fragen, hätte ich einen schlechten Start gehabt. Wenn dann noch ständig die Kollegen auf mir herumgehackt hätten, warum nichts vorwärts geht, wäre meine Motivation bei null angelangt, bevor ich überhaupt richtig angefangen hätte. Deswegen ist es in meinen Augen elementar wichtig, neuen Mitarbeitern bestmögliche Voraussetzungen zu schaffen, um ihren Job zu machen. Den Betrieb kennenzulernen. Wie soll sich ein neuer Kollege mit einem Unternehmen identifizieren, wenn er nicht die Möglichkeit hat, es kennenzulernen? Und ein ganz entscheidender Punkt: Dem Mitarbeiter muss es erlaubt sein, Fehler zu machen. Er benötigt jemanden, der ihm dauerhaft zur Hand geht und ihn unterstützt. Der ihm sagt, wie er den Fehler nicht nochmal macht. Der dem Kollegen die Hand hält, wenn nötig.

Auf dem Schiff hatten wir das „Buddy-System". Dabei wurde einem neuen Crew-Mitglied für die ersten Wochen ein „Erfahrener" zur Seite gestellt. Das ging damit los, dass der Buddy den neuen Mitarbeiter beim Einwohnermeldeamt „abholte" und ihm dabei half, seine Kabine zu finden. Wie schwer das sein kann, habe ich zuvor bereits geschildert. Der erfahrene Kollege half dem Neuen seine „Uniform" zu holen, ihm zu sagen, wo er Klopapier und Waschpulver für seine Wäsche erhält, wo es etwas zu essen und zu trinken gibt und wo er seinen Arbeitsplan findet. Der Frischling fühlte sich jederzeit gut aufgehoben und wusste, an wen er sich wenden kann, wenn irgendwas komplett schieflaufen sollte. Die Besonderheit war: Jedes Besatzungsmitglied, das schon länger an Bord war, hat sich verantwortlich für den Neuen gefühlt. Jeder konnte exakt nachempfinden, was in dem Neuling vorging. Der Effekt: Sehr enge Beziehungen innerhalb der Mannschaft. Enger als es an Land und oft erst nach vielen Monaten oder gar Jahren möglich ist. Dadurch, dass wir nicht nur zusammen arbeiteten, sondern auch zusammen lebten, entwickelte sich dieses enge Band im Zeitraffer, wie wir immer gern gesagt haben. Das war übrigens bei Beziehungen genauso.

Das muss ich kurz erklären: An Land gehen Sie (in der Regel) am Wochenende in eine Disco. Sie sehen dort jemanden, sind vielleicht viel zu schüchtern ihn beziehungsweise sie anzusprechen. Am darauffolgenden Wochenende gehen Sie wieder in diese Disco, in der Hoffnung, das Objekt der Begierde wiederzusehen. Nach ein paar Wochen kommen Sie sich näher, Nummern werden ausgetauscht und (wenn alles gut läuft) nimmt diese Beziehung langsam Fahrt auf. An Bord klappte dies volle Kraft voraus. In einem Bruchteil der Zeit, die es an Land benötigt. Dadurch, dass wir 24

Stunden aufeinanderhingen und uns ständig irgendwo begegneten, entstanden enge Freundschaften und Beziehungen rasend schnell. Die Barriere, die zu Arbeitskollegen normalerweise lange aufrechterhalten wird, war auf dem Schiff sehr schnell überwunden. Nach nur wenigen Tagen kannten sich manche Kollegen in- und auswendig, waren Best-Buddys oder das neue Traumpaar an Bord. Das hatte natürlich auch seine Nachteile: Es gab keinen Feierabend ohne die Kollegen. Kein Wochenende, um mal ein wenig Abstand zu bekommen. Das hätte manchmal sicherlich ganz gutgetan. Ganz schlimm war es am Ende eines Vertrages. Ich erinnere mich an mein erstes Ende. Mein Einsatz damals war auf fünfeinhalb Monate festgelegt. Ich muss dazu sagen, der erste Einsatz war für jeden etwas Besonderes. Das werden aktive oder ehemalige Seefahrer bestätigen. Ich bat nach vier Monaten darum, um einen Monat zu verlängern. So war ich am Ende sechseinhalb Monate an Bord und wäre es auch noch länger geblieben. Ich hatte einfach tolle Menschen um mich herum. Ich traf Personen aus der ganzen Welt und habe sie liebgewonnen. Wir schlugen uns gemeinsam die Nächte um die Ohren, feierten Partys und hatten tolle Erlebnisse auf und neben der Bühne. Doch dieser Gedanke, dass der Tag X kommen würde, an dem es auf einen Schlag vorbei sein sollte, zermürbte mich. Deswegen entschied ich mich, so lange wie möglich diese Menschen und das Schiff in meinem Leben zu behalten.

Wenn ich zu Hause auf etwas oder jemanden keine Lust mehr hatte, dann entwöhnte ich mich über mehrere Monate. Der Abschied fiel in so einem Fall nicht schwer. Auf dem Schiff war das nicht möglich. Ich hatte keine Chance mich zu entwöhnen. Ganz im Gegenteil, es wurde ein immer engeres Band zu den Kollegen. Der Abstiegstermin hing wie ein Damoklesschwert über mir. Als es dann doch so weit war, geschah etwas, womit ich nie gerechnet hätte. Nachdem wir uns mit Umarmungen und dem Versprechen uns wiederzusehen (nur wo?) verabschiedeten, stieg ich im Hafen von Gran Canaria in den Bus und verkroch mich in eine der hinteren Reihen auf einen Fensterplatz. Ich zog die Kapuze meiner Jacke über den Kopf und begann zu weinen. Nicht ein wenig, sondern richtig traurig und bitterlich. Alle Emotionen, Erinnerungen und unbeschreiblichen Ereignisse kamen in diesem Moment zusammen und entluden sich. Zurück. Das wollte ich. Zurück in diese heile Welt, zu den Menschen, mit denen ich die unglaublichste Zeit meines Lebens (bis dahin) verbracht hatte. In dem Bus fühlte ich mich allein und fehl am Platz. Hatte keine Lust auf zu

Hause. Keine Lust auf meine Familie und Freunde, die mich sehnsüchtig erwarteten. Etwas, das die Zuhause nie verstanden. Erst kürzlich sprach ich mit meiner Mutter darüber. Sie konnte sich damals nicht vorstellen, dass ich nach über sechs Monaten, weit weg von zu Hause, keine Sehnsucht hatte und mies gelaunt war, als ich in Salzburg am Flughafen empfangen wurde. Sie stand freudestrahlend am Ausgang. Meine Schwester war mit meinen Neffen dabei. Mein bester Freund – ein leidenschaftlicher Fotograf – stand mit seiner Kamera bereit, um die Rückkehr des verlorenen Sohns/Bruders/Freundes festzuhalten. Er versuchte sogar, durch das verschwommene Glas, das den Sicherheitsbereich von dem restlichen Flughafen trennte, einen Schnappschuss zu machen – von mir, am Kofferband, auf mein Gepäck wartend. Eine kleine Lücke fand er zwischen zwei großen Scheiben. Allerdings, was er an diesem Nachmittag von mir bekam, war ein Gesicht wie sieben Tage Regenwetter. Kurz angebundene Antworten und das Gefühl, am falschen Ort zu sein. Wer das Leben als Crew-Mitglied nicht erlebt hat, kann das nicht nachvollziehen.

Mir tut das heute noch leid, aber in dieser Situation konnte ich nicht aus meiner Haut. Viel zu sehr schmerzte mich die Erinnerung daran, dass meine Freunde vom Schiff in den nächsten Stunden aus dem Hafen ausliefen und sich auf die nächste Reise machten. Ich stellte mir vor, wie sie auf dem Pooldeck zusammen mit den Gästen feierten und diesen Traum weiterlebten. Ohne mich. Im Nachhinein betrachtet kann ich mir mein Verhalten (das übrigens auch so gut wie jeder andere Kollege an Bord nur zu gut kannte) nur so erklären: Wir alle waren aus einem bestimmten Grund an Bord. „Jeder hat sein Päckchen, welches hast du?". Das war eine Frage, die unvermeidlich in jedem längeren Gespräch irgendwann gestellt wurde. Es ist die Flucht aus der Realität. Eine Welt, die von negativen Nachrichten bestimmt ist, von Amokläufen, Lawinentoten, Unfällen, Terroranschlägen oder sonstigen Katastrophen. Auf dem Schiff haben wir von all dem nichts mitbekommen. Viele, auch ich, haben den Tod eines geliebten Menschen zu verarbeiten oder noch nicht überwunden. Heute kann ich es sagen: Mit Abstand zum „normalen" Umfeld klappte das bei mir sehr gut.

Auf der Fahrt vom Flughafen nach Hause erinnerte ich mich daran zurück, wie ich an meinem ersten Tag empfangen wurde. Als Bordmoderator war ich Teil eines Teams, das zu diesem Zeitpunkt aus insgesamt vier Fachabteilungsleitern bestand. Uns überstand der Entertainment Manager – die

Position, die ich zwei Jahre später selbst innehaben sollte. Als ich damals an meinem Aufstiegstag in meine Kabine kam, wartete dort eine Flasche Prosecco, belgische Pralinen in der Dose und eine Karte, auf der ein netter Willkommensgruß stand. Das war vielleicht nur eine Kleinigkeit. In diesem Moment fühlte ich mich jedoch wertgeschätzt. Mit so einer Nettigkeit geht der Mitarbeiter mit einem guten Gefühl an die Arbeit. So erging es mir. In dem Moment, als ich die kurze Nachricht gelesen hatte, war meine Nervosität zwar nicht weg, aber zumindest nicht mehr so groß. Oft sind es Kleinigkeiten, die Mitarbeiter glücklich machen und ihnen den Einstieg in einer neuen Firma erleichtern.

CREW WELCOME

Nach zwei Wochen an Bord stand auf meiner „Aufsteiger-Checkliste" ein Termin, den ich, laut meinem Entertainment Manager, tunlichst nicht verpassen sollte: Crew-Welcome. Bei diesem Zusammenkommen wurden die neuen Team-Mitglieder offiziell auf dem Schiff begrüßt. Das war allerdings nur ein Grund des Treffens. Doch der Reihe nach. Mit etlichen anderen Besatzungsmitgliedern fand ich mich in einem der Seminar-Räume an Bord ein. Wir saßen auf unseren Stühlen und vor uns standen mehrere Offiziere. Sie blickten uns freundlich an und warteten, bis sich alle hingesetzt hatten. Vor uns standen der General Manager, der Human Resources Manager und der Hotel Manager. Nach einer kurzen Begrüßung startete der General Manager mit einer inspirierenden Ansprache. Das Thema war das Leitbild der Reederei und die an Bord gelebten Werte: „An Bord eines Kreuzfahrtschiffes leben Menschen aus über 35 Nationen, mit fünf unterschiedlichen Glaubensrichtungen. Teilweise leben wir bis zu zehn Monate am Stück, sieben Tage die Woche, 24 Stunden am Tag auf engstem Raum zusammen. All das geschieht respektvoll und friedlich. Warum ist das so? Hier bei uns an Bord gibt es klare Regeln: Die Bordordnung, die ihr alle am Tag eures Aufstiegs erhalten habt. Bei über 600 Crew-Mitgliedern, die alle unterschiedlicher Herkunft sind und entsprechend unterschiedliche Einstellungen zum Leben und zum Arbeiten haben, ist das unabdingbar. Wir sind nicht nur interkulturell, wir sind multi-multikulturell. Alle arbeiten für das gleiche Ziel: den Gästen eine unvergessliche, sichere und wunderschöne Zeit zu bescheren. Seid leidenschaftlich in dem, was ihr tut. Nicht alle Gäste sind wohlhabend und können sich so eine Reise leicht leisten.

Manche haben die letzten Kröten zusammengekratzt, Sparbücher geplündert oder die Oma gefragt, ob sie ein paar Euro springen lässt, um einmal in ihrem Leben eine Kreuzfahrt machen zu können. Früher war eine Schiffsreise etwas Elitäres. Heute ist es bezahlbar. Es ist aber immer noch etwas Besonderes und kein alltäglicher Urlaub. Deswegen ist es unsere Aufgabe, alles dafür zu tun und den Gästen die Wünsche von den Augen abzulesen." Er machte eine kurze Pause und ließ den Blick über unsere Gesichter schweifen. Es war eine Rede, die uns alle gefangen nahm. Was wohl auch daran lag, dass der General Manager eine unglaubliche Leidenschaft an den Tag legte.

„Natürlich sind wir für unsere Gäste da", setzte er seine Ansprache fort. „Aber genauso für unsere Kollegen. Es ist eine lange Zeit. Manche sind über Weihnachten und Silvester an Bord, vielleicht das erste Mal weit weg von zu Hause. Ihr werdet eure Familien vermissen und das wird für die meisten eine harte Zeit. Deswegen ist es umso wichtiger, dass ihr hier in der Crew-Familie euren Halt sucht. Jeder braucht jemanden, bei dem er sich ausweinen kann oder einfach nur mal eine Schulter zum Anlehnen. Trefft euch in der Crew-Bar, redet miteinander und unterstützt euch. Es wird Situationen geben, in denen wir alle zusammen anpacken müssen und von uns alles abverlangt wird. Gerade dann gilt es, den anderen unter die Arme zu greifen. Respektiert euch gegenseitig. Jeder hier auf dem Schiff hat seine Aufgabe, die für das Gesamt-Ziel wichtig und entscheidend ist. Es gibt keine besseren und keine schlechteren Positionen. Wer in der Küche die Teller wäscht sorgt dafür, dass die Gäste von sauberen Tellern essen. Wer im Maschinenraum Öl nachfüllt ist mit verantwortlich, dass wir alle sicher von A nach B kommen. Wer auf der Bühne steht und singt, tanzt oder moderiert, unterhält die Gäste und bringt sie zum Lachen und Staunen. Sind die Urlauber gut unterhalten, sind sie glücklich. Jeder hier an Bord ist Teil eines großen Ganzen. Deswegen respektiert, was jeder eurer Kollegen hier an Bord leistet. Schafft Vertrauen! Das beginnt mit der Sicherheit. Denn eine falsche Handlung von einem von euch kann dazu führen, dass ein anderer Schaden erleidet oder noch schlimmer. Kommuniziert offen und ehrlich mit euren Vorgesetzten und mit euren Kollegen. Seid euch eurer Verantwortung bewusst und legt höchstmögliche Professionalität an den Tag. Wenn ihr etwas nicht beherrscht, sucht Rat bei euren Vorgesetzten. Falls die euch nicht helfen können, kennen sie jemanden an Bord, der das kann. Seht das Leben hier bei uns als großen Lernprozess, von dem ihr euer ganzes Leben lang zehren könnt. Das, was ihr hier erlebt und lernt, kann euch keiner nehmen." Wieder eine Pause, um uns die Möglichkeit zu geben, all das sacken zu lassen. „Lebt Vielfalt! Ihr trefft hier Menschen aus bis zu 35 Nationen. Alle Hautfarben sind vertreten. Unterschiedliche Glaubensrichtungen und unterschiedliche Wertvorstellungen. Dem ein oder anderen mag es anfangs noch schwerfallen, sich dem System unterzuordnen. Aber seid offen Neues zu lernen, denn nur so können wir als eingeschworene Gemeinschaft unsere Ziele erreichen. Seid aufgeschlossen gegenüber anderen Glaubensrichtungen und Kulturen. Wir geben allen an Bord die größtmögliche Freiheit ihre Religion und ihre Traditionen auszuleben. Wenn ihr etwas nicht versteht oder es euch komisch vorkommt, fragt lieber nach, bevor ihr ein Urteil fällt. Egal, ob ihr einen Einsatz fahrt oder viele Jahre hier beschäftigt seid – ihr werdet weltoffener und neugieriger nach Hause gehen. Seht das nicht als Job, sondern als Chance, verständnisvoller und offener zu werden. Wir freuen uns, dass ihr bei uns seid. Achtet die Bordordnung, respektiert einander und habt, bei all dem Stress, der kommen wird, viel Spaß." Damit schloss er seine Rede. Einen langen Augenblick war es ruhig und dann brach ein tosender Applaus aus. Die Worte hatten jeden, der an diesem Crew-Welcome teilnahm, mitgerissen. Etliche Male erinnerte ich mich in den Jahren danach an diese Zusammenkunft der neuen Besatzungsmitglieder. Denn all das, was der damalige General Manager gesagt hatte, trat auch so ein. Es war ein Geschenk und eine der besten Entscheidungen meines Lebens an Bord angeheuert zu haben. Die große Kunst an diesem Morgen war, dass unser Chef nicht nur seine Leidenschaft für den Job zum Ausdruck brachte. Vielmehr entzündete er einen Funken bei uns neuen Kollegen, der speziell bei mir eine unbeschreibliche Leidenschaft entfachte. Und das, obwohl wir alle gerade mal ein paar Tage an Bord waren.

Viele Unternehmer vermissen bei ihren Mitarbeitern die Leidenschaft. Der Geschäftsführer eines Radiosenders, mit dem ich seit meinem Volontariat Anfang der 2000er Jahre zusammengearbeitet habe, lebt nach wie vor für seinen Job wie kein anderer. Er ist ein Radiomacher, der von der Pike auf gelernt hat, was einen Top-Radio-Mann ausmacht. Für ihn gibt es nichts Schöneres, als für die Hörer ein Programm zu schaffen, das informiert, unterhält und positive Gefühle hervorruft, sobald sie das Radio einschalten. Sein Anliegen ist, bei den Menschen im Sendegebiet Vertrauen zu schaffen. Wenn sie seinen Sender einschalten, wissen sie genau, dass sie bestens informiert sind und alles bekommen, was für einen guten Start in den Tag nötig ist. Musik, gute Laune, Infotainment. Diese Leidenschaft hat er und vielleicht haben sie noch zwei, drei Mitarbeiter, die von Anfang an dabei sind. Bei neuen Mitarbeitern fehlt sie. Die Frage ist, woran liegt das? Liegt es an fehlendem Engagement? Ja, die 2000er Generation träumt davon YouTube-Star oder der nächste große Influencer zu werden. Aber handgemachtes Radio zu gestalten, Journalismus zu betreiben und die Leidenschaft zu dem ältesten der elektronischen Massenmedien, all das fehlt oft. Zu einem gewissen Anteil liegt es daran, dass der Geschäftsführer es nicht schafft, diese Leidenschaft an neue Mitarbeiter weiterzugeben. Das kommt mir jedes Mal in den Sinn, wenn ich an diesen Crew-Welcome an Bord zurückdenke. Dieses „Einschwören" und das energetische Vermitteln der Werte, wie ich es damals erleben durfte, das ist es, was Unternehmer, Geschäftsführer oder Führungskräfte täglich machen sollten. Die eigene Liebe zum Produkt oder zur Dienstleistung so zu transportieren, dass auch die Mitarbeiter angefixt werden. Wenn das gelingt und es als Vorbild vorgelebt wird, fühlt die Belegschaft Stolz und Freude für dieses Unternehmen zu arbeiten.

DIE DIMENSIONEN EINES SCHIFFS

Wer zum ersten Mal vor einem Kreuzfahrtschiff steht, ist überwältigt aufgrund der Größe und der Dimensionen. Als Landei aus dem Berchtesgadener Land, wo der Chiemsee (das bayerische Meer) das größte Gewässer ist, auf dem ich jemals unterwegs war, traute ich meinen Augen kaum. Ich stand vor dem Eingang des Schiffs und blickte langsam nach oben. Erst als mein Kopf sich keinen Zentimeter mehr nach hinten bewegen ließ, sah ich wieder den blauen Himmel über Ajaccio auf Korsika. Da war mir klar: Das ist ein großes Schiff. Allerdings war mir nicht klar, was sich hinter diesen Stahlwänden alles verbirgt. Um mal ein paar Zahlen zu nennen: Das Schiff, auf das ich zum ersten Mal aufstieg, hat eine Länge von 254 Metern und ist 32 Meter breit. Der Tiefgang beträgt 7,2 Meter. Insgesamt haben 3.100 Menschen auf dem Schiff Platz. Davon 2.500 Gäste und 600 Crew-Mitglieder. Während sich 1.100 Gäste-Kabinen über zwölf Decks verteilen, befinden sich die Kabinen der Besatzungsmitglieder auf zwei beziehungsweise drei Decks. Das Schiff wird mit 34.000 PS angetrieben und macht 21,8 Knoten, was ungefähr 40 Stundenkilometern entspricht. Der

Bremsweg bei einer Vollbremsung beträgt 1,8 Kilometer. Das Schiff hat 350 Millionen Euro gekostet und wurde am 9. Februar 2010 getauft. Auf dem Schiff befindet sich das erste Brauhaus, das jemals auf See unterwegs war. Dort wird ein schiffseigenes Bier gebraut, von einem waschechten Brauer. Kleine Anmerkung am Rande: Das Bier ist echt lecker. Es wird aus Meerwasser gebraut, schmeckt allerdings nicht nach Salz, da es komplett entsalzt wird.

Wer an Bord verhungert, hat irgendetwas falsch gemacht. In acht Restaurants (Messini, der Essenssaal für die Besatzung, nicht mitgerechnet), in denen es lediglich in der Zeit von Mitternacht bis morgens um sechs nichts zu essen gibt, türmen sich Leckereien aus den unterschiedlichsten Ländern, für Fleischesser und Vegetarier gleichermaßen. Es bestehen ausreichend Möglichkeiten zu trinken. 13 Bars (Crew-Bar nicht mitgerechnet) an denen es alle Getränke gibt, die sich ein Urlauber nur wünschen kann. Wer abends pro Bar einen Drink nimmt, dürfte Schwierigkeiten haben, den Weg zurück in seine Kabine zu finden, geschweige denn aufrecht stehen zu können. Das Herzstück ist das Theatrium, das sich in der Mitte des Schiffs über drei Decks erstreckt. Dort werden unterschiedliche Shows gespielt, in denen Sänger, Tänzer, Artisten und Schauspieler zeigen, was sie können. Dort finden außerdem Präsentationen, Vorträge und TV-Formate statt. Die Reederei, für die dich im Einsatz war, hat die Original-Lizenzen von „Wer wird Millionär" oder „The Voice" gekauft. Entsprechend werden diese Formate gespielt. Alles muss genauso aussehen und ablaufen, wie man es aus dem Fernsehen kennt. Nur Günther Jauch fehlt. Und der Telefonjoker (fehlendes Telefonkabel). Wir, die Entertainment Manager, haben den Job des Moderators übernommen.

Kleine Randbemerkung: Das war großes Kino. Für den perfekten Ablauf wird die gesamte Show von den Technikern und Operatoren im bordeigenen TV-Studio professionell gesteuert. Wir reden hier von einer Technik, bei der Musical-Veranstalter blass vor Neid werden.

Der Vollständigkeit halber: Auf dem Schiff befinden sich außerdem ein Shop, ein Fotolabor, eine Kunstgalerie und ein 300 Quadratmeter großer Spa-Bereich mit Saunen und allem, was das Wellness-Herz begehrt. Ach ja: Wer den Pfunden, die sich jeder Gast unweigerlich drauf futtert, den Kampf ansagen will, kann sich in einem vollausgestatteten Fitness-Bereich austoben. Das ist die sogenannte „Public Area", der öffentliche Bereich. Hier dürfen sich die Besatzungsmitglieder nur mit Namensschild aufhalten und müssen sich gesittet aufführen. Auf jedem Deck befinden sich mehrere Türen mit einem Schild auf dem „Crew only" steht. Hinter diesen Türen geht es in einen Mikrokosmos im Schiffs-Kosmos. So haben wir gerne unseren Crew-Bereich genannt. Dort spielt sich ein eigenes Leben und ein eigener Rhythmus ab. Die Zeit auf den Uhren ist die gleiche. Vieles komplett anders. Dort finden sich Kabinengänge, Kabinen, Küchen, Backstage-Bereiche, Lagerräume (sogenannte Locker), Büros, Arrestzellen, ein düsterer Raum mit zwei Särgen (auch das gibt es auf einem Kreuzfahrtdampfer), der Proviantbereich, die Crew-Messe (Messini), die Crew-Bar, ein Fitnessraum für die Besatzung, eine Sauna, der Maschinenraum und natürlich das Heiligste auf einem Schiff: Die Brücke.

6. HERAUSFORDERUNGEN IM SCHIFFSALLTAG

Der Durchsage-Ton erklang und die Stimme des Kapitäns meldete sich knarzend. Das hat zwei Gründe: Zum einen ist eine Durchsage auf einem Kreuzfahrtschiff über die Lautsprecher immer knarzend. Zum anderen hörte ich an der Stimme des Kapitäns, dass das, was er gleich sagen würde, keine guten Nachrichten sind.

Ich schaute aus meinem Bullauge und sah Wasser. Was sonst? Es war 8:07 Uhr an diesem Samstagmorgen und das Bild ungewohnt. Im Grunde sollte ich um diese Uhrzeit das Hafenterminal von Venedig sehen und das Schiff an der Pier liegen. Der Kapitän bestätigte meine Vorahnung: „Schönen guten Morgen liebe Gäste, hier spricht Ihr Kapitän. Wie Sie sehen, befinden wir uns nicht im Hafen von Venedig, sondern liegen vor der Stadt auf Position. Leider können wir nicht durch den Canal Grande fahren, weil dort ein kleines Boot gesunken ist. Da wir die genaue Position des gesunkenen Bootes nicht kennen, ist es uns nicht möglich, den Kanal zu durchfahren. Wir warten aktuell auf weitere Informationen seitens der Hafenbehörde. Sobald ich die habe, melde ich mich wieder bei Ihnen. Ihr Kapitän." Er schob noch den Satz hinterher, dass es keinen Sinn mache, sich auf den Weg zur Rezeption zu begeben, weil die Gäste selbst dort keine näheren Infos erhalten würden. Zack! Damit hatte die Reise für viele Gäste einen sehr bitteren Beigeschmack. Eine gute Bewertung gab es diesmal nicht.

Der Hafen Venedig ist Ausgangs- und Endhafen der Sieben-Tages-Reise durch die Adria. Normalerweise lief es wie folgt ab: Sie begann an einem Sonntag. Die Gäste reisten an, stiegen aufs Schiff und hatten meist keine Zeit, die Stadt zu entdecken, da wir den Hafen bereits am späten Nachmittag verließen, um den Sonnenuntergang zu genießen, während wir durch den Canal Grande Richtung offene See dampften. Deswegen freuten sich die meisten Gäste auf den folgenden Samstag – den vorletzten Tag der Reise. Da kehrten wir nach Venedig zurück und die Passagiere hätten von morgens bis zur Abreise am nächsten Tag die Stadt der Brücken, Kanäle und Prachtbauten entdecken können. Die Vorfreude stieg von Tag zu Tag und dann passiert so etwas, wie an diesem Samstag im März 2018. Venedig fiel aus. Am nächsten Tag mussten wir im Hafen sein, weil die Gäste abreisten und neue Gäste an Bord kamen. Das war spannend.

Ich war froh, dass ich nicht an der Rezeption arbeitete. Denn trotz des Hinweises des Kapitäns, die Kollegen dort in Ruhe zu lassen, war eine „Meuterei" unausweichlich. Die Gäste stellten an diesem Morgen viele Fragen: „Wieso? Weshalb? Warum? Was ist mit meinem Ausflug? Wie kann das sein? Wie sieht Ihre Entschädigung aus? Das war unsere letzte Reise!" In solchen Momenten waren die Crew-Mitglieder an der Front nicht zu beneiden. Diejenigen, die überhaupt nichts dafürkonnten, bekamen am meisten ab. Deswegen gingen in solchen Situationen alle höheren Offiziere – mich eingeschlossen – zur Rezeption, um die erhitzten Gemüter zu beruhigen. In solchen Momenten, in der die Stimmung brodelte, zeigte sich, was es heißt, auf einem Schiff mit dieser Crew zu arbeiten. Da gab es keine Diskussion. Die Kollegen wurden vorne an der Rezeption angebrüllt, beschimpft und blöd angemacht. Selbstverständlich schmissen wir uns ins Getümmel. Erstens hörten die Gäste auf einen, der Streifen auf den Schultern hat, viel besser (es ist fast schon Magie). Zweitens erhöhten wir die Anzahl der „Anschrei-Objekte", fingen damit sehr viel ab und schützten somit unsere Besatzung.

Mein Deck-Telefon klingelte. Der General Manager wollte mich sprechen. Mein Vorgesetzter. Wir sollten uns darauf einstellen, dass der Kapitän gleich „Open Bar" ausrufen würde. Das sei die einzige Möglichkeit, die Passagiere zumindest ein wenig zu beruhigen. Mir wurde kurzzeitig schwindlig, denn das bedeutete: Anarchie an den Bars. „Open Bar" heißt: Die Gäste erhalten an jeder Bar des Schiffs Getränke – umsonst. Das Geschäftsmodell bei meiner Reederei ist darauf ausgelegt, die Reisen (relativ) billig anzubieten, die Gäste bezahlen dafür die Getränke an den Bars. Das wurde für eine Stunde außer Kraft gesetzt. Eine solche Entscheidung fällt in der Regel die Schiffsführung (auch der Kapitän). Denn sie hat weitreichende Konsequenzen. Da wäre zum einen der finanzielle Aspekt. Über 2.000 Gäste werden eine Stunde lang so viele Getränke bestellen, wie sie trinken können. Wenngleich es noch nicht mal Mittag war, auf einem Kreuzfahrtschiff gibt es keine festen Trinkzeiten. Alle Gäste würden die 13 Bars stürmen, um an Getränke zu kommen. Da sich oft Sparfüchse unter den Gästen befinden, für die normalerweise teure Cocktails nicht in Frage kommen, bestellten diese genau das: Cocktails. Diese Unmengen an Alkohol mussten bezahlt werden. Wir stellten parallel ein Unterhaltungsprogramm auf die Beine, wie Shuffleboard, Dart, Basketball, ein Familienfilm im Theatrium und einiges mehr. Das war schön, interessierte aber keinen.

Denn es gab ja etwas umsonst. Das Positive: Die Menschen verließen die Rezeption, um schnellstmöglich an die nächste Bar zu gelangen. Dort stapelten sich bereits die Gäste.

Damit hatten wir das Problem an der Rezeption zwar gelöst, nun galt es jedoch zum nächsten Hotspot weiterzuziehen. An die Bars. Dort war bereits die Hölle los und es war unschwer zu erkennen, dass die Kollegen hinter den Tresen schwammen. Bestellungen aufnehmen, Zutaten suchen, Zutaten mixen, Getränke in die Gläser füllen, Getränke ausgeben, nächste Bestellung – und nach Möglichkeit mehrere Gäste parallel bedienen. Denn Geduld haben die wenigsten. Als wir das sahen, war klar, dass wir heute neben unserem „Anbrüll-Diplom" auch das „Barkeeper-Diplom" absolvieren würden. Auch hier wurde nicht diskutiert. Wir Offiziere sprachen uns nur kurz ab, wer an welche Bar geht, und schon stürzten wir uns in die Mix-Zone. Es dauerte nur wenige Augenblicke, bis die Aufgaben verteilt waren. Wir Nicht-Barkeeper beschränkten uns auf die Getränke, die einfach herzustellen und auszugeben waren: Kaffee, Weißbier, Flaschengetränke. Und wir organisierten Zutaten, Flaschen und Gläser. Unsere Kollegen von der Bar sollten sich um die Cocktails kümmern. Denn jeder von ihnen hat über 100 Rezepte im Kopf parat – wir höchstens die Rezeptur für ein Alster/Radler.

Was wie das größte Chaos begann, entwickelte sich zu einem großen (stressigen) Spaß. Trotz der Menschenmassen vor dem Tresen und der völlig aus den Fugen geratenen Situation, haben wir hinter der Bar richtig viel gelacht. Wer so etwas schon mal bei einem Vereinsfest oder einer Feier getan hat, kennt dieses berauschende Gefühl aus Stress und dem Verlust der Kontrolle über die Situation. Denn in diesen Sekunden gilt nur: Glas, Flasche, Tasse ausgeben, schmutziges Geschirr einsammeln – und wieder von vorn.

Die Teams an den Bars kamen aus dem Staunen nicht raus, als sie sahen, wie wir mit anpackten. Wir kamen aus dem Staunen nicht raus, wie schnell die Kollegen die Getränke mixten und ihre Bar in- und auswendig kannten – sie wussten genau, wo sie hingreifen mussten, wenn sie Mai-Thai oder Piña Colada hörten. Die Gäste kamen aus dem Staunen nicht raus, weil sie tatsächlich ihre Getränke erhielten, zeitnah und in sehr hoher Anzahl. Während der Kapitän alle Möglichkeiten abklapperte, um doch noch in den Hafen von Venedig beziehungsweise in den Industriehafen – ein paar Kilometer entfernt – zu gelangen, schwitzten wir im Hotel-Bereich gemeinsam dafür, dass jeder Gast seine Getränke erhielt. An diesem Tag erlebte ich (mal wieder), was es bedeutet, Teil dieser Familie zu sein. Ohne groß darüber nachzudenken, halfen wir uns gegenseitig und brachten den Tag am Ende gut über die Bühne. Als der erste Mann an Bord endlich die erlösende Nachricht verkündete, dass wir im Industriehafen festgemacht hatten, gab es Applaus. Allerdings nicht für die frohe Kunde, endlich im Hafen zu sein, sondern für die gesamte Belegschaft an den Bars. Wie uns die Anderen erzählten, hat sich wohl an allen 13 Bars am Ende der „Open Bar"-Aktion das Gleiche abgespielt. Die Gäste applaudierten und jubelten und zeigten uns damit, dass sie es sehr wohl wertschätzten, was wir in dieser Stunde geleistet hatten. Uns Crew-Mitglieder schweißte es noch mehr zusammen. Wenn die Kacke so richtig am Dampfen ist, gilt es zusammenzuhalten. Vom Kleinsten und Gemeinsten bis rauf zum Kapitän.

Diesen Tag werde ich nie vergessen, weil ich zum ersten Mal gemerkt habe, was unsere Kollegen hinter der Bar täglich leisten. Ich habe es am eigenen Leib gespürt und ziehe noch heute meinen Hut vor ihnen. Meist arbeiten die indischen, indonesischen oder philippinischen Kollegen an den Bars. Sie sind bis zu 10 Monate am Stück an Bord, trotzdem bleiben sie in stressigen Situationen freundlich, konzentriert und kollegial. Ein Gefühl von Stolz durchflutet mich, wenn ich daran denke. Mein Fazit: Es schadet manchmal nicht, wenn sich Führungskräfte an die Basis begeben und auch mal mit anpacken. Oder sich zumindest dafür interessieren, was die Mitarbeiter dort leisten. Sich einen Überblick verschaffen. Fragen stellen und sich für ihre Teams und deren Aufgaben interessieren. Jeder der Kollegen steht für ein kleines Zahnrad, das in das nächste greift. Nur so wird die Maschinerie „Unternehmen" am Laufen gehalten.

OHNE FLEXIBILITÄT GEHT ES NICHT

Noch vier Stunden, ehe Europas größtes Feuerwerk abgeschossen wird. Es war der 31. Dezember 2018, 20:03 Uhr. Wir lagen mit unserem Schiff AIDAstella vor der Insel Madeira im Atlantik, knapp 1.000 Kilometer vom portugiesischen Festland entfernt. Es war das dritte Silvesterfest vor Madeira während meiner Seefahrerzeit. Es war ein besonderes. Das Feuerwerk ist jedes Mal atemberaubend. Wir hatten den besten Platz. Erfahrungsgemäß hüllte der Qualm der Raketen das Schiff an unserem Ankerplatz nicht so sehr ein, wie das bei den anderen fünf Kreuzern war, die ebenfalls an diesem Abend vor der Insel ankerten. Vier Stunden vor dem Jahreswechsel konnte es losgehen. Das Sekt-Buffet war vorbereitet, das Pooldeck dekoriert. Die große breite Bühne, auf der später das Silvesterkonzert der Bord-Band stattfinden sollte, war bereit. Das komplette Equipment der Musiker wurde von Mittag an aufgebaut und der Sound abgemischt. An diesem Abend durfte nichts schiefgehen. Es war Silvester. Der Anblick erinnerte an ein Live-Konzert von AC/DC, in einer abgespeckten Version. Nur ohne die große Glocke, die die australische Rockband im Intro von „Hells Bells" läutet. Eine Glocke würden wir auch haben. Nur nicht so groß. Es würde die Schiffsglocke sein, mit der traditionell an Silvester die letzten Augenblicke des Jahres „geglast" werden. „Das Glasen bezeichnet das Anschlagen der Schiffsglocke alle halbe Stunde. Die Zeit wurde früher anhand des Stundenglases, der Sanduhr, abgerufen."

Wir hätten mit der Party beginnen können, wäre nicht die Wettervorhersage von der Brücke gewesen. Denn sie sagte für den Zeitraum rund um Mitternacht Regen voraus. Zwar nicht dauerhaft, aber immer wieder. Madeira hat uns – wettertechnisch – schon öfter überrascht. Deswegen waren wir das Risiko eingegangen und hatten alles für eine Feier „draußen" vorbereitet. Eine Silvesterparty ohne Pooldeck-Spektakel ist keines Jahreswechsels würdig. Deswegen blickten wir immer wieder mit bangen Blicken Richtung Insel. Tatsächlich erwischte uns ein kurzer Schauer um kurz nach neun. Dann sah es gut aus – eigentlich.

Die Party begann, die Stimmung war gut. Die Menschen wollten feiern, sie aßen und tranken fleißig und blickten mit Vorfreude auf die nur wenige Seemeilen entfernte und in sämtlichen Farben erleuchtete Hauptstadt Funchal. Wenn es so bliebe, würde es eine tolle Nacht werden. Schon vor Wochen hatten wir den Abend geplant, die unsichere Variable des Wetters im Hinterkopf. In diesem Jahr sollte uns diese zum Verhängnis werden. Als der Regen mit voller Breitseite aufs Schiff traf, stand der Zeiger auf 23:12 Uhr. In einer Stunde wollten der Kapitän, die General Managerin Katharina und ich mit einem Gläschen Sekt auf der Bühne stehen und den Gästen zuprosten: „Ein frohes, neues Jahr." Jetzt standen wir eine Stunde vor Mitternacht auf der Brücke. Es war gespenstisch ruhig, wie immer in der Kommandozentrale des Schiffs. Kein Licht an der Decke oder an den Wänden. Es herrschte fast Dunkelheit. Lediglich das Scheinen der Bildschirme und der Instrumententafeln, die sich über mehrere Meter erstrecken, warfen ein Licht auf unsere Gesichter. Dort, auf der Brücke, wird nicht nur das Schiff gesteuert und der gesamte Apparat von Deck null bis Deck 15 überwacht. Dort laufen auch mehrere Karten zusammen, die in der Regel ein sehr genaues Wetter vorhersagen – an diesem Abend mussten wir sagen: Leider. Hin und wieder knarzte ein Funkgerät oder es wurde eine Anordnung leise, auf Englisch, Richtung Steuermann gegeben. Auch wenn wir auf der Stelle standen, musste aufgrund der Meeresströmung ständig gegengesteuert und korrigiert werden, um das Schiff auf Position zu halten. Wir blickten alle Richtung Insel und hofften, dass sich der Regen verziehen würde. Er tat es natürlich nicht. Das Deck Telefon von Katharina vibrierte. Der Hotel Manager war dran und erkundigte sich nach dem Stand der Dinge. Wenige Minuten bevor der Regen kam, wir konnten ihn riechen, ging ein Ruck durch die gesamte Crew, die im Hotel-Bereich tätig und verfügbar war. Fünf lange Tische inklusive insgesamt 3.000 Sektgläsern mussten vom offenen Pooldeck unter die jeweiligen Vordächer auf der Back- und Steuerbord-Seite umgestapelt werden. Es war zwar nicht gerade ein Dom Pérignon, den wir an diesem Abend an die Gäste verteilten, aber mit Regen verdünnt schmeckte die Plörre am Ende gar nicht. In diesen Situationen griff ein Rädchen ins andere, ein Department half dem anderen. Alle packten mit an und schafften es in wenigen Minuten, die Tische, alle Gläser und die Dekoration ins Trockene zu verfrachten. Mit dem Telefon am Ohr blickte Katharina auf die Wetterkarte, um die wir anderen ebenfalls standen. Es sah in dem Moment nicht danach aus, dass wir einen trockenen Jahreswechsel erleben würden. Deswegen blieb der Schaumwein wo er war, unter dem Vordach. Dort war wenig Platz. Wenn die Gäste später ans Buffet stürmen würden, könnte es eng werden. Deswegen ist das kein beliebter Platz für die Getränke-Ausgabe. Auf der großen Fläche des Pooldecks können die Gäste von allen Seiten an die Tische und sich ihr Gläschen holen. Wir können an Bord wirklich viel, das Wetter liegt jedoch freilich nicht in unserer Hand. Eine Information, die nicht zu allen Kreuzfahrt-Gästen durchgedrungen ist. Ja, selbst in diesem Fall gab es (wenige) Menschen, die gerne einen Verantwortlichen suchten.

HERAUSFORDERUNGEN IM SCHIFFSALLTAG | 53

Eine halbe Stunde vor Mitternacht hörte es auf zu regnen. Katharina verschwand kurz in ihrer Kabine und kam mit gelben Gummistiefeln aufs Deck zurück, denn hier stand das Wasser. Humor war am Ende das Wichtigste. Einige Kollegen von der Bar tauschten ihre feinen Arbeitsschuhe ebenfalls gegen Gummistiefel und bewaffneten sich mit Wasserschiebern. Sie liefen damit von links nach rechts, jeder schob eine große Menge Wasser vor sich her. Ohne diese Maßnahme wäre es rutschig auf dem Pooldeck gewesen. Weitere Besatzungsmitglieder halfen mit, die Stehtische auf die Seite und nach dem Abziehen wieder zurückzustellen. Die Gastgeber, ein Teil des Entertainment Teams, mischten sich unter die Gäste, um sie bei Laune zu halten. Es war immer wieder faszinierend zu sehen, wie reibungslos und selbstverständlich all das funktionierte. Jeder wusste, was er zu tun hatte. Wir griffen uns gegenseitig unter die Arme und schenkten den Gästen immer ein Lächeln. Gerade in diesen Ausnahmesituationen zeigt sich, wie großartig der Zusammenhalt in der „Familie" ist.

Wenige Wochen zuvor war ich noch auf unserem Schwesterschiff in der Karibik und auch dort war Flexibilität das A und O. Das Wetter zeigte sich nur ganz selten von seiner ungemütlichen Seite. Aber der Wind konnte einen Tagesplan komplett auf den Kopf stellen. So war es der Fall an dem Tag, an dem wir Cozumel, eine Insel bei Mexiko, anfahren wollten. Planmäßig legte das Schiff morgens um kurz nach sechs an und die Gäste konnten bis abends halb acht weiße Sandstrände, das blaue Wasser und die Sonne genießen. Um 5:21 Uhr klingelte mein Kabinen-Telefon. Ein sehr lautes Geräusch für jemanden, der sich gerade in der Tiefschlaf-Phase befand. General Manager Wolfgang war dran und überbrachte mir die „frohe Kunde", dass wir Cozumel nicht anfahren konnten. Der Kapitän versuchte seit über 30 Minuten, gegen starken Wind anzukämpfen. Die Gäste spürten das ebenfalls, weil das Schiff bei diesem Manöver, bei dem der Wind auf die komplette Breitseite traf, von Deck null bis Deck 15 zitterte und vibrierte, was das Zeug hielt. Wir Crew-Mitglieder, die in den Kabinen auf den Decks zwei und drei untergebracht sind, verschlafen so etwas in der Regel. So sehr sind wir an diese Geräusche und Bewegungen gewöhnt, dass es uns nicht stört. Lediglich die Frischlinge stehen aufgrund der auch für sie ungewohnten Bewegungen in ihren Betten. Das legt sich mit der Zeit. Schlaftrunken machte ich mich fertig und auf den Weg ins Büro auf Deck fünf. Wir mussten ein Tagesprogramm auf die Beine stellen. Da ein Alternativ-Hafen zu weit weg war, würde es für die Gäste einen

Tag auf See geben. Dazu brauchte es Unterhaltungsprogramm, ein Update der Bordzeitung und aktualisierte Informationen für die Werbemittel, wie TV-Screens.

Ein Schiff besteht aus drei Teilen: Die Brücke, der Maschinenraum, der Hotel-Bereich. Für jeden dieser Bereiche gibt es einen Verantwortlichen. Ganz oben steht der Kapitän, der die Hauptverantwortung für alles trägt. Im Hotel-Bereich ist der General Manager das höchste Tier. Ihm sind die vier Fachbereichsleiter unterstellt, die ich zu Beginn bereits vorgestellt habe: Der Hotel Manager, der Chief Purser (Zahlmeister), der Shore Operations Manager (verantwortlich für Ausflüge und künftige Reisen) und der Entertainment Manager, meine Position. Wir kamen jeden Morgen, meist um 9 Uhr, zusammen, zu einem Briefing über den anstehenden Tag, um diverse Themen zu besprechen. An diesem Tag war es kurz nach fünf und für uns alle sehr früh. Aber wir wollten den Gästen ein fertiges Programm präsentieren und alles vorbereitet haben, bevor sie aufwachten. Die Nachricht, dass wir Cozumel nicht anfahren konnten, würde sie alle erstmal auf Touren bringen. Deswegen war es erst recht wichtig, dass das Programm rasch stehen würde. Da jeder wusste, welchen Beitrag er für das Programm leisten konnte und was zu tun war, stand der Plan in weniger als 30 Minuten. Es ging an die Umsetzung. In meinem Fall hieß das, meine Fachabteilungsleiter aus dem Bett zu klingeln und die Aufgaben zu verteilen. Das klappte ohne Meckern und reibungslos, weil es selbstverständlich ist, zusammenzuhalten, um den Gästen den Tag so schön wie möglich zu gestalten. Cozumel ist eine traumhafte Destination und der Ausfall schmerzte, auch die Crew-Mitglieder, die bereits von einem halben Tag am Strand geträumt hatten. Es ist nicht immer möglich, bei diesem Arbeitspensum an Bord einen Landgang zu unternehmen. Wenn die Möglichkeit besteht und der Hafen ausfällt, ist das schade. Aber wenn das Schiff, trotz 45.000 PS nicht einlaufen kann, so wie an diesem Morgen, ist das nicht zu ändern. Flexibilität ist gefragt, das lernen wir Seefahrer zu Genüge. Ein Hafenausfall passiert immer wieder mal. Wichtig ist in diesem Fall, lösungsorientiert an die Planung zu gehen. In diesen Situationen ist kein Platz für sinnlose Diskussionen und Quertreibereien. Viele Entscheider – ob auf einem Schiff oder in einem Unternehmen – sind mehr damit beschäftigt, nach der Ursache von Problemen zu suchen und sie zu hinterfragen. Dabei geht wichtige Zeit und Kraft verloren, die benötigt wird, um eine Lösung zu finden und diese umzusetzen. Klar, Probleme sollten aufgearbeitet werden. Aber mit Abstand und vor allem zu einem Zeitpunkt, wenn die Maschinerie wieder läuft. In diesem Fall, in der Karibik, war es völlig unangebracht, sich über den Wind auszulassen und zu hinterfragen: Warum ist der jetzt da? Was ich damit sagen will: Bei keinem anderen Job ist lösungsorientiertes Arbeiten so wichtig wie auf einem Kreuzfahrtschiff. Ich war beinahe täglich mit Situationen konfrontiert, in denen wir vom Plan abweichen und Alternativen finden mussten. Eine lehrreiche Zeit, die mir auch in meiner Zeit nach dem Schiff zugutekommt.

ALLE MANN AN DECK

Der (oftmals) unmenschlich große Einsatz der Crew zeigte sich in Notsituationen, wie ich sie auf dem Weg von Kopenhagen nach Bergen erlebt hatte. Es war ein warmer Sommertag, ein Seetag. Das hieß, wir waren einen kompletten Tag auf See unterwegs, ohne in einem Hafen zu halten. Es war Sommer und die Sonne ließ das Thermometer auf bis zu 32 Grad steigen. Die Gäste stehen morgens auf, um noch vor dem Frühstück dem liebsten Urlaubs-Hobby des Deutschen nachzugehen: Liegen reservieren. Das läuft in der Regel so ab: Der Wecker klingelt noch, bevor die Sonne überhaupt ihre ersten Strahlen in Richtung Schiff schickt. Wecker im Urlaub ist ein Thema, das grundsätzlich diskutiert werden kann, allerdings nicht an dieser Stelle. Der Ehemann (in den meisten Fällen) macht sich mit zwei bis sechs großen Badehandtüchern, riesengroßen Wäscheklammern und mehreren Büchern auf dem Weg zum Pooldeck. Dort haben die fleißigen Mitarbeiter (Deck-Stewards) die gelben Sonnenliegen schon kurz vor dem Morgengrauen in Reih und Glied über das gesamte Sonnendeck verteilt aufgebaut. Der tüchtige Reservierer ist einer von wenigen zu dieser frühen Uhrzeit. Er hat die volle Auswahl. Er entscheidet sich für sechs Sonnenbetten, von denen zwei in der Sonne, zwei im Schatten und zwei im Halbschatten stehen. Er legt auf jede Tages-Schlafstätte ein Handtuch und ein Buch. Den Mitarbeitern ist es zwar offiziell erlaubt, die Handtücher nach einer gewissen Zeit runterzunehmen, aber nicht die Wertsachen. Ideenreich sind sie ja schon, einige der lieben Gäste.

Eine interne Statistik an Bord der Schiffe hat ergeben, dass der Durchschnitts-Liegen-Reservierer zwei Flächen reserviert – und das meist in der Zeit zwischen 6 und 7 Uhr morgens. Er geht anschließend mit seiner Familie zum Frühstück und spätestens um 9 Uhr liegt er in der Sonne und lässt sich brutzeln. Sehr zum Ärger derjenigen, die sich an die Regeln halten. Ein Thema, bei dem wir Crew-Mitglieder an die Vernunft appellieren. Denn der Sinn des Liegen-Reservierens erschließt sich nicht wirklich. An diesem Tag sollte das aber das kleinste Problem sein. Denn während die Unbelehrbaren ihre Handtücher ausbreiteten, kämpften auf Deck drei, tief im Innern des Schiffs, die beiden Schiffsärzte um das Leben eines Gastes, der in der Nacht einen Herzinfarkt erlitten hatte. Dank der guten Ausstattung im Schiffshospital und des beherzten Eingreifens des Arztes, lebte der Passagier noch. Allerdings war klar: Er wird den Tag nicht überstehen, wenn er nicht schnellstmöglich in ein Krankenhaus kommen würde. Wir waren auf offener See, der nächste Hafen war zu weit weg, um ihn in den nächsten Stunden zu erreichen. In diesem Fall wurde eines der aufwändigsten Manöver eingeleitet, die es auf einer Seefahrt gibt – abgesehen von einer Eisberg Kollision: Die Notevakuierung mit einem Hubschrauber.

Der Kapitän auf der Brücke schob den Hebel auf Anschlag, und mit 21 Knoten (circa 42 Stundenkilometern) pflügte der Dampfer durch die raue See Richtung Festland. Zeitgleich startete dort der nächstgelegene Rettungshubschrauber und begab sich auf offene See, direkt auf uns zu. In den Stunden zuvor hatten der Kapitän, der Schiffsrat und die Schiffsärzte die Möglichkeiten besprochen, eines der norwegischen Krankenhäuser kontaktiert und die Rettungsmaßnahme in die Wege geleitet. Das Zeitfenster, in dem die Evakuierung stattfinden konnte, war aufgrund der Windverhältnisse klein. Das Manöver würde vom Kapitän und seinem Stellvertreter alles abverlangen. Auch der Pilot des Hubschraubers musste seine volle Konzentration aufbringen. Ein kleiner Fehler, eine kleine Unachtsamkeit und die Rettung würde in einer Katastrophe enden. Eine misslungene Evakuierung wäre dabei noch das kleinste Übel. Der Hubschrauber würde nur wenige Meter über dem Pooldeck in der Luft stehen beziehungsweise in der Geschwindigkeit des Schiffes „mitfliegen". Ein Rettungsteam würde sich mit einer Seilwinde und einer Trage abseilen, die „Fracht" aufnehmen und wieder in die Lüfte erheben. In dieser Zeit darf kein starker Wind wehen, Seegang so gut wie nicht vorhanden sein und der Pilot ein ruhiges Händchen haben. Es war ein riskantes Manöver, das der Kapitän eingehen musste, um ein Menschenleben zu retten.

Die Besatzung, die nicht „On Duty" war (Bar, Küche, Brücke, Maschinenraum), wurde auf das Pooldeck beordert, um in einem ersten Schritt die Gäste in das Schiffsinnere zu bitten. Der Kapitän machte mehrfach Durchsagen, aber auch in so einem Fall gibt es unbelehrbare Egoisten, die sich „ihren Seetag" nicht kaputt machen lassen wollten. „Nur weil einer stirbt, lasse ich mir nicht den Urlaub versauen." Ein Satz der gegenüber einem meiner Kollegen so gefallen ist. Traurig. Das sind genau die Menschen, die bei einem Unfall auf der Autobahn Fotos und Videos machen, anstatt eine Rettungsgasse zu bilden. Sobald der letzte Gast (nach der ein oder anderen Diskussion) seinen verschwitzten Körper ins Innere des Schiffs bewegt hatte, waren auch schon die ersten Mitarbeiter damit beschäftigt, die Liegen zusammenzustapeln und an jene Seite zu räumen, an der sie vertäut (mit Seilen befestigt) werden konnten. Denn es durfte auf keinen Fall passieren, dass eine Liege aufgrund des Sogs der Hubschrauber-Rotoren zu fliegen beginnen würde. An jedem Ausgang zum Pooldeck auf den Decks elf und zwölf wurden Besatzungsmitglieder vor die Schiebetüren gestellt, um die Gäste im Zaum zu halten und jeden daran zu hindern, aufs Sonnendeck zu laufen. Auch bei mehrmaligen Durchsagen des Kapitäns, die nicht zu überhören waren, gab es Reisende, die den Ernst der Lage nicht erkannt hatten oder denen es schlichtweg egal war: „Das ist MEIN Urlaub."

Wir waren überrascht, dass es trotzdem Gäste gab, die mit hoher Geschwindigkeit ins Schiff verschwanden. Wir redeten noch darüber, wie vorbildlich wir das fanden, als wir dieselben Gäste zurückkommen sahen: Bewaffnet mit Fotoapparaten und Videokameras. Selbst dem verständnisvollen Hotel Manager, der sich auf einer Reise viele Beschwerde-Gespräche anhören muss und die Ruhe vor dem Herrn ist, platzte in dieser Situation der Kragen. „Sie wollen DAS jetzt nicht ernsthaft filmen? Entschuldigen Sie bitte, aber DAS ist ekelhaft." Ein Mensch kämpfte um sein Leben. Der Rettungshubschrauber war vielleicht seine letzte Chance und andere Menschen nutzten das für einen spektakulären Schnappschuss oder Schnipsel für ihr Urlaubsvideo.

Nach ein paar Minuten hörten wir das Knattern eines sich nähernden Hubschraubers. Der Kapitän hatte bereits das Ärzteteam kontaktiert, samt Patienten mit dem Aufzug von Deck drei auf zwölf zu fahren. Um den Gaffern keine Möglichkeit zu bieten, ein Foto oder Video von dem in Lebensgefahr schwebenden Urlauber zu schießen, kam das Team wenige Sekunden vor Auftauchen des Hubschraubers hinter der verschlossenen „Crew-Only"-Tür hervor. Im Laufschritt beförderten sie den Patienten auf das Oberdeck, vorbei an anderen Gästen und Mitarbeitern. Im selben Augenblick machte sich die Crew des Helikopters auf den Weg nach unten, um den Patienten in Empfang zu nehmen. Der Hubschrauber machte einen Höllenlärm und schwebte so gut wie bewegungslos über dem Schiff. Er und der Kapitän waren in Funkkontakt und hielten sich über jede noch so kleine Bewegung auf dem Laufenden. Höchste Konzentration, die sich auf alle Zeugen der Aktion ausbreitete. Auch dem letzten Gast war jetzt klar, dass das hier kein Teil des Unterhaltungsprogramms, sondern todernst war. Sollte der Hubschrauber abstürzen, bestünde für ALLE Lebensgefahr. Geschweige denn für die unmittelbar Beteiligten, die sich gerade auf offenem Deck daran machten, den Patienten auf der Liege zu befestigen, damit er nach oben gezogen werden konnte.

Nach weniger als zwei Minuten war der Spuk vorbei, der Hubschrauber verschwand langsam in der Ferne. Der Gast überlebte, wie wir ein paar Tage später erfuhren. Die Notevakuierung war gut bewältigt worden und das Schiff nahm sofort wieder Kurs auf unseren nächsten Hafen. Es blieb keine Zeit weiter darüber nachzudenken. Im selben Augenblick, als der Hubschrauber abdrehte, marschierten die Crew-Mitglieder in einer Einheit nach draußen und leisteten Unmenschliches. Eine Notevakuierung kommt nicht oft vor und trotzdem weiß in diesem Fall jeder Mitarbeiter, was zu tun ist. Es gab keine Diskussionen, kein Gemaule, kein Gezeter. Die „Familie" hielt zusammen, damit die Gäste schnellstmöglich ihren Urlaubsfreuden nachkommen konnten. So schlimm es für den Gast war, der im Hubschrauber lag, und für seine Familie. Aber gut 2479 andere Gäste wollten keine schlechten Gedanken zulassen und weiter ihren Urlaubsfreuden frönen.

Die Crew gab alles. Die Taue, die die Liegen zusammenhielten, wurden geöffnet, jeder Mitarbeiter packte sich eine Liege und stellte sie auf. Nach zehn Minuten waren über 1.000 Liegen wieder auf ihrem Platz. Bevor wir die Gäste, die bereits mit den Hufen scharrten und ihre Handtücher und Bücher bereithielten, rausließen, gab es noch einen letzten Check durch die verantwortlichen Offiziere. Einer der Kollegen stellte sich (heimlich) auf das höchste Deck an Bord und holte sein Smartphone raus. Von dort hatte er einen perfekten Blick auf das darauffolgende Spektakel. Das Video, das wir uns am Abend zusammen in der Crew-Bar beim Feierabend-Getränk ansahen, ließ uns alle den Kopf schütteln. Wir lachten, aber nicht aus Freude, sondern weil uns nichts anderes einfiel. Was wir sahen, war erschütternd, zum Schämen für unsere Landsleute. Die philippinischen Kollegen um uns herum konnten es nicht glauben. Sie konnten schon nicht glauben, dass Menschen mit ihren Kameras bereitstanden, um die Evakuierung in Bild und Ton festzuhalten. Aber was sie hier zu sehen bekamen, ließ sie erst recht vom Glauben abfallen. In den ersten Sekunden war das menschenleere Sonnendeck zu sehen. Die gelben Sonnenbetten strahlten in der Sonne und es sah friedlich aus. Plötzlich stürmten aus allen Ecken, Ameisen-gleich, Menschen in Badehosen mit braunen und weniger braunen Oberkörpern, mit Handtüchern und Büchern bewaffnet auf die Liegen zu und versuchten, die schönsten Plätze zu sichern. Definitiv war der ein oder andere Ellenbogen dabei, mit dem sich die besonders Hartnäckigen ihre Outdoor-Betten „erobert" hatten. Ohne Rücksicht auf Verluste wurden diese besetzt. Nach wenigen Augenblicken kehrte Ruhe ein. Manch einer lag schweratmend auf seiner Sonneninsel. Wir scherzten darüber, ob wir den Hubschrauber zurückholen sollten.

WECHSELTAG – HORRORTAG

Während uns Gäste um den Hals fielen und Tränen in den Augen hatten, waren wir am letzten Abend der Reise gedanklich schon beim nächsten Morgen. Denn der nächste Tag war einer der anstrengendsten einer Kreuzfahrt. Nicht für die Gäste, auch für die Crew. Es galt knapp 3.000 Betten neu zu beziehen, 1.500 Kabinen zu reinigen, Tonnen von Essen und Getränken ins Schiff zu bugsieren und stundenlang Kraftstoff zu bunkern. Und das ist nur ein Ausschnitt von all den Aufgaben, die ab morgens zu erledigen waren. Es ist der Tag, an dem die Crew extrem gefordert wird und an die Grenzen geht. Am sogenannten Wechseltag verlassen, je nach Destination, die Gäste zu früher Stunde mit ihren Koffern das Schiff. Um Mitternacht sammelt ein Teil der Besatzung das Gepäck ein und bringt es in die Ladezone auf Deck drei. Dort werden die Koffer in Trollies gestapelt und sobald das Schiff im Hafen ist, werden diese ins Hafenterminal verfrachtet und dort nach Deck sortiert aufgestellt – die Gäste können sich ihr Gepäck abholen. Damit das funktioniert, werden die Abreisenden gebeten, bereits in der Nacht die Koffer vor die Tür ihrer Kabine zu stellen, damit ein reibungsloser Ablauf gewährleistet ist. Wer das nicht macht, kann seine Habseligkeiten selbstverständlich selbst von Bord bringen.

Sobald die Gäste das Schiff verlassen haben, macht sich der Reinigungstrupp auf den Weg, alle Kabinen komplett zu reinigen und für die Neuanreisenden vorzubereiten. Müssten das nur die bordeigenen Housekeeping-Mitarbeiter machen, wäre dieser Kraftakt nicht zu stemmen, nicht annähernd. Deshalb erhalten die Kreuzfahrtschiffe in ihren Wechselhäfen Unterstützung von Hilfskräften, die über eine externe Agentur gebucht werden. Wer an diesem Tag in der Kernzeit durchs Schiff läuft, kommt sich vor wie in einem Ameisenbau. Die Reinigungskräfte, bewaffnet mit Eimern, Putzlappen, Staubsaugern, frischem Bettzeug und Handtüchern, wuseln von einer Kabine zur nächsten und erledigen die Aufgabe in rekordverdächtigen zwölf Minuten. Länger darf das Ganze nicht dauern. Jede Sekunde zählt. Weil die neuen Gäste bereits an der Pier stehen und aufs Schiff wollen. Zwar sind alle darüber informiert, dass die Kabinen erst zu einem bestimmten Zeitpunkt am frühen Nachmittag bezugsfertig sind. Aber wenn es schneller geht, sorgt das für strahlende Gesichter – und wir haben einen Top-Service geliefert.

In den anderen Bereichen des Schiffs rotiert die Crew ebenfalls. Die Lebensmittel müssen an Bord gebracht und in der „Provision" verstaut werden. Die Provision ist der Bereich, in dem all die Lebensmittel gelagert werden, teilweise sogar bei minus 35 Grad im Gefrierraum. Unzählige Kisten, Getränke, tonnenschwere Weinkanister und Biertanks werden in den Bauch des Schiffes gekarrt. Von der Ladeluke wird die Last in die entsprechenden Bereiche gebracht und festgezurrt. Ordnung muss sein. Denn sollte sich das Gemüse beim Seegang selbstständig machen, ist die Sauerei groß. Für diese Arbeiten werden Wechseltag für Wechseltag Besatzungsmitglieder aus allen Abteilungen eingeteilt. Tagsüber Kartoffelsäcke über die Pier schleppen, abends leckere Cocktails an der Poolbar mixen. Als Seefahrer kann es Ihnen passieren, dass Sie in allen möglichen Bereichen eingesetzt werden. Vor allem wenn es hart auf hart kommt, muss jede Hand mit anpacken. Während die meisten Unternehmen davon reden, dass alle im gleichen Boot sitzen, ist das an Bord eines Kreuzfahrtschiffes wahrhaftig. Es muss schnell gehen am Wechseltag. Die Zeit ist begrenzt. Das Schiff legt morgens an und ist am späten Nachmittag – in manchen

Fällen abends – wieder auf See. Dieser Kraftakt ist nötig, damit Gäste wie Crew ausreichend zu essen und zu trinken bekommen. Deshalb wird ohne Gemeckere, aber mit Professionalität jegliche Arbeit getan, die wichtig ist, um den Menschen an Bord eine wunderbare Zeit zu bieten. Essen und Trinken sind auf so einem Schiff Dinge, die nicht zu unterschätzen sind, elementar wichtig werden. Man hat schließlich Zeit…viel Zeit...

Beim sogenannten „Loading" kann es passieren, dass die Container mit den Vorräten verspätet eintreffen, sodass auch hier Flexibilität gefragt ist. Sobald die Info über die Verspätung das Schiff erreicht, werden sofort Pläne geschmiedet, welche Crew-Mitglieder wo abgezogen werden können, um mit anzupacken. Sobald die Lkw mit den Containern eintreffen, muss es schnell gehen. Je mehr Hände helfen, desto höher ist die Wahrscheinlichkeit, dass wir den Hafen pünktlich verlassen können. In einer solchen Situation passiert es, dass die zierliche Shop Managerin mit ihren meist ebenso zierlichen Jungs und Mädels – die abends Düfte und die neuste GASTRA-Mode an die Gäste verkaufen – mit einem Rückenstützgurt im Crew-Bereich umherlaufen und schwere Kisten von A nach B oder sogar C tragen.

Blöd nur, wenn den Kapitän und die Besatzung die Nachricht erreicht, dass die Container aufgrund schlechten Wetters im Mittelmeer festhängen. So kam es Weihnachten 2016, als ich in meiner Funktion als Entertainment Manager auf einem Schiff im Orient im Einsatz war. Wenige Tage vor der wichtigsten Tour des Jahres – der Weihnachtsreise – erreichte uns die Nachricht, dass das Schiff, das sämtliche Weihnachtsenten, Blaukraut und Weine an Bord hatte, spät dran war. Heißt: Zwei Tage zu spät. Schuld hatte das Wetter im Mittelmeer, das sich in diesem Winter recht launisch präsentierte. Starker Wind und Seegang hatten für eine sehr langsame Fahrt des Container-Schiffs gesorgt, somit war eine pünktliche Ankunft in Dubai – unserem Wechselhafen – nicht gewährleistet. Oder anders gesagt: Wir Crew-Mitglieder mussten uns von Wasser und Brot ernähren, während die Gäste die letzten Reste von den der Crew zugeteilten Lebensmitteln erhielten. In einer derartigen Situation kann es durchaus passieren, dass bei der Crew eingespart wird. Wir hatten einmal kein Bier mehr an Bord. Das bedeutete für die Crew: Kein Bier in der Crew-Bar. Was allerdings eher selten vorkam. Tatsächlich ging unser Container-Problem am Ende gut aus. Sicherheitshalber wurden diverse Lebensmittelläden in Dubai vom

Küchenchef leergekauft, was wesentlich teurer war. Dies wird jedoch zu keinem Zeitpunkt in Frage gestellt, wenn man an Bord die Wahl hat: Höhere Ausgaben oder meuternde Gäste? Man weiß ja nie, wie Hungernde reagieren.

Da das liebste Bier des Deutschen – das Freibier – nicht wie gewohnt aus dem Hahn kam und Warsteiner hieß, sondern Singha und Kingfisher, war Flexibilität gefragt. Aus dem ersten Abend an Bord wurde kurzerhand ein indischer Abend, den wir offiziell so nannten und die Gäste auf die Überfahrt nach Indien einstimmten. „Heute zum Special-Preis auf der Poolparty", Kopfweh am nächsten Morgen inklusive. Wenn schon All In, dann richtig. Für die Gäste sah es so aus, als ob wir es genauso geplant hätten. Es gab nur ein Problem: Das Schiff mit den Containern war zwar auf dem Weg, würde es aber nicht schaffen, pünktlich da zu sein. Für uns hieß das, einen ungeplanten Stopp in einem Industriehafen an der osmanischen Küste einzulegen. Dort wartete das beladene Schiff mit den Enten und dem Bier. Es war allerdings niemandem erlaubt, das Schiff zu verlassen. Der Kapitän wollte diese Information noch am gleichen Abend den Urlaubern mitteilen. Deswegen luden wir alle Gäste in das Theater ein. Das Gemurre war groß, da dieser Stopp Konsequenzen nach sich zog. Wir offenbarten, dass aufgrund des nicht geplanten Halts ein Hafen in Indien ausfallen würde, da es zeitlich nicht möglich sei, diesen anzufahren. Auch hier musste die Schiffsführung abwägen: Ein ausgefallener Hafen oder rund 2.500 Zombie-ähnliche Wesen an Bord auf der Suche nach Essbarem? Nachdem der Kapitän die Gäste mit Seekarte und anschaulichen Bildern – unter anderem einer knusprig gebackenen Weihnachtsente – soweit beruhigen konnte, dass sie nicht vor Wut mit Flip-Flops um sich schmissen, war die Sache geklärt. Am nächsten Morgen standen wir vier Stunden in einem uns fremden Hafen mit Blick auf riesengroße Kräne, und irgendwo ganz weit hinten unendliche Wüste. Als wir aber einen wunderbaren Weihnachtsabend gemeinsam mit den Gästen erlebten und alle ihre Enten, Wein und Biere genießen konnten, waren die vorherigen Scherereien vergessen.

Flexibilität und offene Kommunikation sind die Dinge, die mich das Schiff bei diesen Erlebnissen lehrte. Manchmal macht es keinen Sinn, Dinge zu hinterfragen und sich darüber aufzuregen. Klar, es muss aufgearbeitet werden, um daraus zu lernen. Es gibt Situationen, die sich nicht ändern lassen. Es gibt für alles eine Lösung. Sie muss nur richtig kommuniziert werden. Sicher waren das nicht die schönsten Erlebnisse meiner Seefahrerzeit. Aber sie haben mich geprägt. Sie haben mir gezeigt, was es bedeutet, sich auf gewisse Umstände rasch um- und einzustellen. In diesen Momenten ist es extrem wichtig, offen und ehrlich mit den Mitarbeitern zu kommunizieren und sie davon zu überzeugen, warum nun bestimmte Maßnahmen getroffen werden müssen. Das Gleiche gilt übrigens für die Gäste. Doch bleiben wir bei den Mitarbeitern. Ihnen muss ein klares Ziel aufgezeigt werden. Es gilt, als Vorbild voranzugehen und die Kollegen mitzureißen. Gemeinsam sitzen wir in einem Boot, im wahrsten Sinn. Gemeinsam sind wir stark. Gemeinsam gehen wir gestärkt aus dieser Situation heraus. Die Gäste/Kunden dürfen sehen, was wir leisten und sollen das durchaus sehen. Sie sollen spüren und erleben, wie sehr wir hinter unserem Produkt und unserer Dienstleistung stehen und was wir bereit sind zu tun, um ihnen das Bestmögliche zu bieten.

7. MACHEN SIE IHRE MITARBEITER ZU STARS

„Hi Thorsten", begrüßte mich Rona schon von weitem und kam mir mit einer Tasse in der Hand bereits entgegen. Da ich täglich mehrmals zu ihr an die Bar auf Deck neun kam, wusste sie genau, was ich trank: Einen doppelten Espresso-Macchiato und wahlweise eine Kirschsaft-, Johannisbeer- oder Apfelschorle. Rona und ich kannten uns schon von einem Einsatz zwei Jahre zuvor und als wir uns an Bord wiedersahen, begrüßten wir uns mit einer herzlichen Umarmung. Rona kommt von den Philippinen. In unserem ersten Einsatz arbeitete sie als Kellnerin. Mittlerweile hatte sie sich zur Bar-Chefin hochgearbeitet. Als ich das hörte, bin ich zu ihr und habe ihr gratuliert und gesagt, dass sie das absolut verdient hätte. Eine kompetente, herzliche Kollegin. Immer ein Lächeln auf den Lippen. An diesem Nachmittag waren wir allein an der Bar. Ein nicht alltäglicher Moment. Wir lagen im Hafen von Civitavecchia. Von dort fuhren so gut wie alle Gäste und alle Crew-Mitglieder die Zeit hatten nach Rom. 82,5 Kilometer, gut 1,5 Stunden waren die Busse unterwegs. Mit dem Zug ging es ein wenig schneller. Der Bahnsteig lag direkt gegenüber von unserem Anlegeplatz. Die Tatsache, dass Rona und ich allein waren, war sicherlich der Grund, dass ihr Lächeln an diesem Nachmittag nicht ganz so strahlend war. In ihren Augen sah ich Traurigkeit. Deswegen fragte ich meine philippinische Kollegin, was los sei. Sie sah mich an und ihre Augen wurden noch ein wenig trauriger. „Ich vermisse meinen Sohn", sagte sie leise. „Er ist jetzt sechs Jahre alt und ich habe ihn schon sieben Monate nicht gesehen." Ich sah sie an und fragte: „Wie lange bist du noch hier?" Da begann sie wieder ein wenig zu strahlen. „Nur noch drei Monate und zwei Tage. Aber es ist trotzdem hart. Wir haben gerade kurz geskypt. Er lebt bei meinen Eltern, während ich an Bord bin. Aber ich muss das tun, weil ich hier so viel mehr verdiene als auf den Philippinen." Nachdem wir noch ein wenig gequatscht haben, ging sie wieder zurück an die Bar. Einer der wenigen verbliebenen Gäste wartete auf der anderen Seite der Bar und wollte etwas bestellen.

Ich blickte aus dem Fenster und dachte über das Gespräch mit Rona nach. Sieben Monate war sie bereits an Bord. Drei noch, bis sie nach Hause kann, ging es mir durch den Kopf. Das ist nur unwesentlich kürzer als meine gesamte Zeit, die ich diesen Einsatz von zu Hause weg sein würde. Kein Wunder, dass sie ihren Sohn vermisst. Aber wie sie schon sagte: Es ist ein sehr gut bezahlter Job. Vor allem für philippinische Verhältnisse.

Bis zu zehn Monate sind die asiatischen Kollegen an Bord eines Kreuzfahrtschiffes. Danach für zwei bis drei Monate zu Hause. Anschließend geht es wieder aufs Schiff. Das machen sie acht, neun, zehn Jahre oder auch länger. Es gab Kollegen, die bereits bei der Taufe des allerersten Schiffes meiner Reederei mit dabei waren und die während meiner Zeit zwanzigjähriges Jubiläum feierten. Die Sache ist die: Die asiatische Crew macht das für mehrere Jahre und danach haben sie ausgesorgt. Teilweise bauen sie im Anschluss ihr eigenes Geschäft auf. Ein ehemaliger Kollege von mir hat auf den Philippinen drei Restaurants eröffnet, eine kleine Kette. Andere eröffnen ihre eigene Bar oder lassen sich von dem angesparten Geld zu Managern ausbilden. Das meiste Geld allerdings geht für die daheimgebliebene Familie drauf. Trotz dieser Tatsache waren speziell die asiatischen Besatzungsmitglieder diejenigen, die immer ein Lächeln auf den Lippen hatten. Zuvorkommend. Freundlich. Liebe Menschen, die ihren Job aus Leidenschaft machten. Neben dem guten Verdienst lebten sie an Bord unter großartigen Bedingungen. Die engen Kabinen mit fließendem Wasser, einer echten Toilette, einem Bett mit einer Matratze und einem Fernseher waren für viele mehr als sie sich jemals zu Hause erträumen hätten können. Ganz zu schweigen von ausreichend Essen, Trinken, Crew-Bingo, Partys und einem Fitnessstudio. Wenn ich Storys wie die von Rona hörte, gab mir das zu denken. Wir Deutschen machen uns Gedanken darum, ob wir uns das neue iPhone oder Samsung Galaxy kaufen sollten. Soll es heute mal die Tommy Hilfiger Tasche sein oder der Gucci Gürtel. Aus Angst nicht mehr „in" oder „uncool" zu sein, gehen wir all diese Trends mit. In einem philippinischen Bungalow mit drei Generationen auf wenigen Quadratmetern ist die einzige Sorge hingegen: „Hoffentlich haben wir ausreichend zu essen und der Brunnen ist nicht ausgetrocknet." Auf dem Schiff waren wir alle gleich. Alle in einem Boot. Gemeinsam haben wir für eine Sache gekämpft und vollen Einsatz gezeigt: Die Zufriedenheit der Gäste. Das belohnten wir regelmäßig, was übrigens nicht immer mit großem Aufwand verbunden sein muss. Dazu aber später mehr.

CREW MEETS BAND

Es gibt eine Sache, die ich an Bord nicht gern gemacht habe: Singen. Wenn es darum geht, mich auf der Bühne nicht so ernst zu nehmen, bin ich für jeden Quatsch zu haben. Das war bereits vor der Zeit auf dem Schiff so und hält sich bis heute. Ich gröle bei einer Sportmoderation problemlos ins Mikrophon, um die Leute anzuheizen. Wenn es aber darum geht, mit einer Band im Rücken auf der Bühne zu stehen und zu singen? Da bin ich raus. Ich bin froh, dass ich ganz viele tolle Kollegen erleben durfte, die das richtig gut draufhatten. Mit einem Leuchten in den Augen standen sie auf der Bühne und haben ihre Lieblingssongs geschmettert. Dabei spreche ich nicht von den Kollegen vom Show-Ensemble oder die Mitglieder der Bands, die das machten, weil es ihr Job war. Ich spreche von Crew-Mitgliedern, die sonst im Housekeeping, bei der Security, in der Küche oder als Friseur arbeiteten. Nicht selten gab es in der Crew-Bar sogar Battles, bei denen Besatzungsmitglieder aus allen Abteilungen und den unterschiedlichsten Ländern ein wahres Konzert veranstalteten.

Es gab ein Event an Bord, das aus dieser Tradition heraus entstand: „Crew meets Band". Eine Veranstaltung, bei der vor allem Mitarbeiter, die sich (Job-bedingt) zurückhielten oder nur im Hintergrund agierten, für ein paar Minuten im Rampenlicht standen und von Seiten der Gäste und Kollegen gleichermaßen bejubelt wurden. Das Konzept war simpel: An einem bestimmten Abend während einer Reise spielte die bordeigene Band für ein bis zwei Stunden Songs, die von Crew-Mitgliedern im Vorfeld ausgesucht und mit Inbrunst präsentiert wurden. Sobald der Termin feststand, suchte der verantwortliche Event Manager zehn bis zwanzig Sänger innerhalb der Crew zusammen, die einen Song präsentieren würden. Egal aus welcher Abteilung und egal ob begnadeter Sänger oder nicht. An diesem Abend ging es darum, den Gästen ein einzigartiges Event zu bieten. Einzigartig deswegen, weil es jedes Mal andere Kollegen waren und andere Songs. Das, was die Gäste an diesem Abend erleben durften, gab es so nur einmal. Denn aufgrund des ständigen Wechsels innerhalb der Crew (vertragsbedingte Auf- und Abstiege), war die Besetzung an diesem Abend eine Premiere. Selbstverständlich gab es flottenweit die gleichen Hobby-Sänger, die jedes Mal mit dabei waren (egal auf welchem Schiff) und allen in Erinnerung blieben. Ihnen war gemeinsam, dass sie an diesem Abend Stars waren.

Die Bar, in der die Sänger ihre Künste zeigten, beziehungsweise das Pooldeck, war jedes Mal rappelvoll. Für die Reisenden war es ein Highlight auf der Reise und sie feierten jeden, der auf der Bühne stand, mit Applaus, Jubelrufen und -pfiffen. Am Morgen danach kamen unzählige Gäste auf die Besatzungsmitglieder zu und gratulierten ihnen zu ihrer starken Leistung am Vorabend. Was glauben Sie, wie sich die Kollegen gefühlt haben? Es gab ihnen Motivation und ein gutes Gefühl. Hinzukam: Sie holten sich mit ihren Leistungen Respekt und Anerkennung bei der restlichen Besatzung ein. Denn auch wir behandelten diejenigen, die auf der Bühne standen, wie kleine Stars. Das ging damit los, dass wir einen eigenen Bereich freihielten, den wir mit Blue-Lines (Absperrbändern) abriegelten. In dieser Zone bauten wir Stehtische auf, auf denen Sektkübel, Wasser, Bier und Saft standen. All das nur für diejenigen, die an der Veranstaltung aktiv teilnahmen. Es war ein V.I.P.-Bereich für die Sänger. Das stärkte die Moral und die Motivation.

Dieser Abend war ein Ausnahme-Abend. Jede Führungsperson an Bord wusste, dass es wichtig für die Crew war, speziell für diejenigen, die teilnahmen. Ich freute mich jedes Mal darüber, dass sich kein einziger Manager quer stellte und seinen Mitarbeitern verbot bei „Crew meets Band" teilzunehmen. Trotz der Tatsache, dass es bei mehreren Abteilungen mitten in der Kernarbeitszeit lag. Bar, Restaurant, Housekeeping (Reinigungspersonal in der Nachtschicht). Sie alle hätten eigentlich arbeiten müssen und wären weit weg gewesen von der Party. Ihre Manager taten alles dafür, dass sie auftreten konnten. Und nicht nur das. Sie kamen zu dem Auftritt, um ihre Mitarbeiter zu unterstützen. Ein Beispiel: Auf einigen Schiffen gibt es ein Brauhaus. In einem Einsatz hatte ich das Glück, drei philippinische Kollegen zu erleben, die normalerweise an diesem (wie jedem anderen) Abend dort hätten arbeiten müssen. Weil sie einen großartigen Vorgesetzten hatten, konnten sie trotzdem ihre Leidenschaft ausleben und sich so zeigen, wie sie es unter normalen Umständen niemals hätten tun können. Denn die drei traten als drei „Diven" auf. Sie trugen Perücken mit langen Haaren, Gala-Kleider mit Glitzer und Stöckelschuhen, und ein aufwendiges Make-Up im Gesicht. Sie liebten es in diesen Outfits auf der Bühne zu stehen und als Whitney Houston, Mariah Carrey und Tina Turner Vollgas zu geben. Sie sahen nicht nur bombenmäßig aus, sondern sie sangen und performten großartig. Es war ein unvergesslicher Auftritt. Eine Show. Extra für diesen Abend hatten sie eine Choreographie eingeübt und schmetterten die professionell auf die Bühne. Damit das am Ende so gut aussah, brauchten sie im Vorfeld Zeit, die sie von ihrem Bar-Chef bekamen. Selbst wenn zu diesem Zeitpunkt das Brauhaus voll war und die Hände der drei bitter nötig gewesen wären. Das wollte der Bar-Chef ihnen nicht antun und packte selbst mit an. Zapfte Bier. Trug leere Gläser weg. Schaffte damit die Möglichkeit, dass sich die drei verwandeln konnten in das, was sie in ihrem tiefsten Inneren so sehr liebten. Er schickte sie, obwohl Rush-Hour herrschte, in ihre Kabinen. Dort bereiteten sie sich vor, zogen sich um und kamen stolz wie Oskar (oder Diva) zu „Crew meets Band". Von den Kollegen wurden sie mit lautem Johlen und Applaus begrüßt, so wie auch wenige Minuten später von den Gästen auf der Bühne gefeiert. Denn der Auftritt der drei war legendär.

Mit dieser Geschichte möchte ich verdeutlichen, wie wichtig der Crew diese Veranstaltung war. Hier konnten sie ihre (versteckten) Talente zeigen. Ich erlebte Kollegen, die wie Whitney Houston sangen, wie Jimi Hendrix die Gitarre bearbeiteten und wie Freddie Mercury die Bühne rockten. Eines hatten sie alle gemeinsam: Das Leuchten in den Augen, als die Zuschauer in tosenden Applaus ausbrachen. Viele gingen schnurstracks von der Bühne und wieder zurück an ihren Arbeitsplatz. Das Lächeln blieb ihnen den ganzen Abend im Gesicht. Für den Rest der Reise waren sie bekannt und nicht selten gab es viele lobende Worte und Glückwünsche von den Gästen.

Die Manager auf dem Schiff unterstützten das mit ihrer Anwesenheit. Meist waren neben den unmittelbaren Vorgesetzten und Kollegen auch die Leiter der Abteilungen dabei. Die Schiffsleitung kam mit dazu. Selbst der Kapitän schaute für die Dauer der Veranstaltung zu, vorausgesetzt der Fahrplan und die Manöversituation ließen es zu. Uns allen war es wichtig, unseren Mitarbeitern die Möglichkeit zu geben, sich zu präsentieren und für einen Abend zum Star zu werden. Dies stärkte die Motivation und das Zusammengehörigkeitsgefühl innerhalb der Crew immens. Wenn Führungskräfte wissen, was ihren Mitarbeitern wichtig ist, und ihnen zeigen, dass sie das unterstützen, dann steigt die Motivation. Gleichzeitig fühlen sie sich wertgeschätzt und wissen, dass der Chef anerkennt und respektiert, was seinen Mitarbeitern wichtig ist. Es schadet nicht, bei Gesprächen herauszufinden, wovon ein Kollege träumt oder was sein Lebenselixier ist. Wenn Sie wissen, dass einer in Ihrem Team ein leidenschaftlicher Gitarrenspieler ist, schenken Sie ihm zum Geburtstag einen Satz neuer Gitarrensaiten. Oder einem FC Bayern Fan ein Ticket für ein besonderes Spiel. Es gibt so viele Möglichkeiten, den Mitarbeiter nicht nur mit einer Aufmerksamkeit glücklich zu machen. Sondern ihm auch zu zeigen: Hey, ich weiß, was dir wichtig ist. Das unterstütze ich sehr gern. Ein Mitarbeiter fühlt sich so gehört und für voll genommen. Das sollte das Ziel in jedem Unternehmen sein.

SMILING STAR

„Der Smiling Star Award geht an…" Es war totenstill auf dem Pooldeck. Alle warteten darauf, wer der „Smiling Star" dieser Reise werden würde. Freitagabend, wenige Minuten vor 22 Uhr. Gleich würde die letzte Party auf dem Pooldeck steigen. In der Ferne, leicht Steuerbord voraus, waren bereits die Lichter von der kanarischen Insel Gran Canaria zu sehen, unserem Ausgangshafen. Dort hatten wir vor sechs Tagen die Sieben-Tages-Reise „Kanaren mit Madeira" gestartet. In wenigen Stunden würden wir dort anlegen und 2498 Gäste ihre Reise beenden. Doch vorher wollten alle nochmal richtig feiern und auf die vergangenen Tage anstoßen. Über uns der Sternenhimmel. Eine leichte Brise wehte über das Pooldeck. Lediglich das Rauschen des Windes war zu hören. Bevor der DJ mit Helene Fischers „Atemlos" starten würde, wollten wir den Smiling Star der Reise verkünden. Der „Smiling Star Award" wird jedes Mal am letzten Abend einer Reise verliehen und ist der emotionale Höhepunkt. Wie lief das ab?

Die Urlauber hatten über den gesamten Zeitraum ihres Aufenthalts die Möglichkeit, ein Besatzungsmitglied zu nominieren. Dazu lagen an der Rezeption kleine Zettel, auf die die Namen der jeweiligen Crew-Mitglieder geschrieben wurden. Pro Zettel ein Mitarbeiter. Hinzu kam der Name des Reisenden (falls gewünscht) und ein besonderer Moment, bei dem der Kollege dem Urlauber einen Lächelmoment beschert hat. Für alle, die jetzt möglicherweise etwas mehr hineininterpretieren, als es tatsächlich ist: Nein, es hat nichts mit einer Happy-End Massage zu tun. Ein Beispiel: Auf einer Reise zum Nordkap hat eine Urlauberin während einer Show im Theater ihren Ehering verloren. Sie kam verzweifelt zu uns und fragte ob jemand der Mitreisenden einen Ring abgegeben hätte. Sie habe ihren verloren, sagte sie mit einem Kloß im Hals. Als wir das verneinten, beschlossen wir spontan ihr bei der Suche zu helfen. Mit dabei war auch einer der Theater-Techniker. Nach einer Viertelstunde stellten wir die Suche ein und die Dame ging todtraurig auf ihre Kabine. Der Ring hatte ihr verständlicherweise sehr viel bedeutet. Unser Ton-Mann wollte jedoch nicht aufgeben und suchte weiter. Nach einer halben Stunde entschied er gar die Sitzbank abzuschrauben. Er ging los und kam mit einem Werkzeugkoffer zurück. Es vergingen ein paar Minuten und die Bank war lose. Und tatsächlich: Im hintersten Eck glitzerte etwas. Der Ring der Dame. Es war bereits zu spät, um sie zu kontaktieren und so entschieden wir, ihr den Ring am nächsten Tag zu überreichen. Als wir sie am nächsten Morgen trafen und ihr den Ring übergaben, erzählten wir ihr, was unser Techniker dafür getan hatte. Sie fiel uns mit Tränen in den Augen um den Hals. Sie nominierte unseren Kollegen und er wurde am Ende Smiling Star.

Ein anderer Gast nominierte ein Besatzungsmitglied, weil der Urlauber jedes Mal breit grinsen musste, wenn er und seine Frau nach einem Ausflug oder einem Sonnenbad-Tag ihre Kabine betraten. Dort wartete jeden Tag ein anderes „Haustier". Unter den Housekeepern, die meistens von den Philippinen stammen, gibt es jede Menge Künstler. Manch einer spielt verdammt gut Gitarre, viele können sehr gut singen und sehr viele von ihnen können aus Handtüchern Tiere falten. So saß mal ein Elefant auf dem Bett. Am nächsten Tag ein Hund auf dem Stuhl. Und an einem Tag hing ein Affe an einer – aus Handtüchern gebastelten – Liane an der Wand. Die Gäste kamen von ihrem Ausflug zurück und freuten sich über eine saubere und aufgeräumte Kabine und über ihren Handtuch-Zoo. In diesem Fall war ein Kollege besonders kreativ und schnell. Denn er tat dies innerhalb der offiziellen „Cleaning Time". In der Regel sollte eine Reinigung der Kabine nicht länger als zwölf Minuten dauern. Dazu gehörte es, das Bett neu zu beziehen und die Kabine vollständig zu staubsaugen. Außerdem das Aufräumen und Säubern des kleinen Badezimmers. Am Ende blieb noch ausreichend Zeit für einen Handtuch-Elefanten. Und all das in zwölf Minuten. In dieser Zeit schaffe ich es normalerweise zu Hause das Bett neu zu beziehen. Wenn ich schnell bin.

Der Handtuch-Zoo-Künstler oder der Tontechniker, der den Ring fand – das waren die Geschichten, die auf einer Reise mit dem Smiling Star Award belohnt wurden. Zurück aufs Pooldeck an jenem Freitagabend.

Knapp 1500 Gäste versammelten sich und warteten gespannt auf die Verkündung. Die Gäste standen oder saßen über den gesamten Außenbereich auf dem Oberdeck verteilt und blickten Richtung Bühne. Dort standen wir. Der Kapitän, General Manager, HR-Manager und ich. Hinter uns gut 150 Crew-Mitglieder, die wir vorher zur großen Verabschiedung auf die Bühne geholt hatten. Die Scheinwerfer waren auf uns vier gerichtet und der Kapitän hielt den Zettel in der Hand. Auch hinter uns war eine gewisse Spannung zu spüren. Denn keiner von der Besatzung wusste, wer den Preis erhalten würde. Das hielten wir geheim.

Wenige Stunden zuvor saß ich im Büro des General Managers. Vor uns Hunderte kleiner Zettel mit Namen und Geschichten, die alle würdig waren, den Award zu erhalten. Glauben Sie mir: Uns fiel es oft nicht leicht, uns zu entscheiden. Am Ende überzeugte die emotionalste Story. Bis zur Verkündung später auf dem Pooldeck übten wir uns den Kollegen gegenüber in Geheimniskrämerei. Wir sagten lediglich der jeweiligen Führungskraft Bescheid. Sie musste dafür sorgen, dass der Gekürte später auf dem Pooldeck bei der Crew-Verabschiedung dabei sein würde, sprich dafür eingeteilt werden. So gewährleisteten wir, dass es für den Kollegen eine echte Überraschung war. Er stand ahnungslos zwischen den anderen und dann würde sein Name verkündet werden. Dieser Moment, das überraschte Gesicht zu sehen, war für uns jedes Mal aufs Neue wunderbar. So war es auch an diesem Abend. Die Stimme des Kapitäns dröhnte durch die Lautsprecher Anlage. Er las zunächst die besondere Story vor, die ein Gast auf den Zettel schrieb. Anschließend verkündete er den Namen des „Smiling Stars". Unter tosendem Applaus der Gäste und der Besatzungsmitglieder um ihn herum trat der Gekürte nach vorne neben uns, ins Scheinwerferlicht. Zur Untermalung spielten wir einen Song ein, der wie die Faust aufs Auge passte: Pharell Williams „Happy". Denn genau darum geht es, happy-sein. Das galt für den Ausgezeichneten, für die Gäste, für uns Offiziere, aber auch für jeden Kollegen, der mit dabei war. Jeder freute sich mit dem, der breit grinsend mit uns zusammen im Rampenlicht stand und das Zertifikat in Händen hielt. Zusätzlich zum Titel „Smiling Star" bekam der Award-Träger noch einen Preis. Das konnte ein Gutschein für eine Massage im Spa-Bereich sein, ein Shop-Gutschein oder ein freier Tag. Er durfte wählen. Viele entschieden sich für den freien Tag, weil es das auf einem Kreuzfahrtschiff normalerweise nicht gibt. Manche sind bis zu zehn Monate an Bord. Ohne Wochenende oder Urlaub. Tag für Tag aufstehen

MACHEN SIE IHRE MITARBEITER ZU STARS | 73

und arbeiten. Das kann anstrengend sein. Jeder sehnt sich in dieser Zeit nach einem „Off-day", wie wir an Bord sagten. Das war nicht möglich. Es war Teil des Deals. Dank des Awards bestand die Möglichkeit einen Tag faul sein zu dürfen. Deswegen war der Smiling Star Award beliebt bei der Crew. Es gab noch einen anderen Grund. Aber der Reihe nach.

Was erreichten wir mit der Aktion? Motivation. Jeder freut sich über einen gewonnenen Preis. In dem Fall verbunden mit einem Gutschein oder einem freien Tag. Dementsprechend gingen die Kollegen motiviert in jede Reise. Den Gästen immer freundlich, verbindlich und mit einem Lächeln zu begegnen war Grundvoraussetzung. Es ging um den einen kleinen Schritt mehr. Die Kirsche auf dem Sahnehäubchen. Den Service on top. Wer das leistete, hatte gute Chancen auf den Award und die damit verbundene kleine Aufmerksamkeit der Schiffsführung. Hinzu kam, dass der Smiling Star für ein paar Minuten im Mittelpunkt stand. Im Scheinwerferlicht neben dem Kapitän und den höchsten Offizieren. Jubel von allen Seiten, Crew wie Gäste. Es kam immer wieder vor, dass der Gewinner nach der Veranstaltung von den Kollegen und den Urlaubern beglückwünscht wurde. Ich erinnere mich an einen Koch, der am Buffet für das Zubereiten der Eier-Omelettes verantwortlich war. Jedes Mal, wenn er die Crew-Messe betrat, um zu essen, fingen seine Kollegen an der Ausgabe an mit Löffeln auf die Töpfe zu klopfen. Gleichzeitig brandete wenige Meter entfernt ebenfalls Jubel auf. Seine Jungs und Mädels, die mit ihm im Restaurant arbeiteten, saßen dort und aßen. In diesem Moment fühlte sich der Umjubelte wie ein Star.

Die gesamte Aktion hatte einen weiteren Effekt. Die Reisenden füllten pro Reise Hunderte Zettel aus. Darauf stand, neben vielen wunderbaren Geschichten, Lob für ganz viele Crew-Mitglieder. Oder für komplette Abteilungen und generell für die gesamte Crew. Die Gäste schrieben Positives über den Schiffs-Zustand oder das Essen. Um es auf den Punkt zu bringen: Wir erhielten jede Menge Lob und Anerkennung. Die Idee des „Smiling Star Awards" war sicherlich eine andere, die nicht immer richtig interpretiert wurde (wir hätten es möglicherweise noch besser erklären können). Dennoch waren die vielen schönen Worte, die wir zusätzlich erhielten, ein Geschenk. Balsam für die rackernden Seelen. Für uns alle. Denn wir verteilten die entsprechenden Zettel mit Lob an die jeweiligen Abteilungsleiter, die diese wiederum an ihre Teams weitergaben. Das heißt: Selbst, wenn am Ende nur ein Besatzungsmitglied die beliebte Auszeichnung erhielt, bekamen so gut wie alle Kollegen positive Feedbacks. Das führte zu einer Gesamt-Zufriedenheit, wie ich sie vorher noch nie erlebt hatte. Jeder freut sich darüber, wenn jemand etwas Nettes sagt oder wenn ihm auffällt, was die Angestellten leisten. Zusätzlich haben die Vorgesetzten mitbekommen, was ihre Mitarbeiter tun. Auf einem Kreuzfahrtschiff ist es für die Manager nicht immer möglich, überall zu sein und die Mitarbeiter bei ihrer Arbeit zu beobachten. Die Vielzahl an Aufgaben, der Stress und unvorhersehbare Ereignisse machen es (leider) unmöglich, sich nur auf die Kollegen zu konzentrieren. Deswegen war der „Smiling Star" in dieser Hinsicht ein „Monitoring der Crew", der half, die Leistung von Mitarbeitern besser einzuschätzen. Es gab nämlich Mitarbeiter, die Woche für Woche auf den Zetteln auftauchten. Über einen längeren Zeitraum. Nicht selten erarbeitete sich einer der Angestellten dadurch eine Beförderung.

Was hat uns das gekostet? Abgesehen von den paar Euro für die Gutscheine (die vom Incentive-Konto bezahlt wurden) und der Zeit, die wir damit verbrachten, die vielen Einreichungen durchzusehen und zu sortieren, nichts. Und was erhielten wir dafür? Feedback. Motivation. Zufriedenheit. Es ist manchmal so einfach, genau das zu erreichen. Es muss nicht immer die Belohnungsreise sein, die tausende Euro verschlingt. Oder eine mehrtägige Veranstaltung. Ein Zettel an die Gäste mit der Bitte mitzumachen, damit wir den „Smiling Star" küren können. An Bord klappte es auf die Weise sehr einfach. Für Unternehmen an Land wäre eine E-Mail oder ein Kommentar bei Social Media eine Möglichkeit. Zusätzlich mit der Aussicht, einen Preis zu gewinnen. Genauso gibt es wunderbar einfache Online Tools, die genutzt werden können. Wichtig ist am Ende, dass das Feedback beim Personal ankommt. Die Mitarbeiter merken dadurch, dass sie wahrgenommen werden.

8. DIE WELT ENTDECKEN

In diesem Kapitel erwarten Sie viele Beispiele anhand derer ich zeigen möchte, was mir das Leben auf einem Kreuzfahrtschiff in persönlicher Hinsicht gebracht hat. Wie sehr es mich prägt. Wenn mich andere fragen: „Wie war das denn auf dem Schiff?" Dann antworte ich oft: „Das Schiffsleben hat mich ‚open-minded' gemacht." Was ich damit meine, erkläre ich auf den folgenden Seiten und mache das anhand von Erlebnissen fest, die mir auf ewig in Erinnerung bleiben werden. Es soll aber auch eine Ermutigung sein für jeden, egal ob jung oder alt, mal für eine Zeit die Welt zu entdecken. Bei uns arbeiteten und lebten Kollegen im Alter von 18 bis 85 Jahren.

DER NÄCHSTE WLAN-HOTSPOT

Nach den ersten Eingewöhnungstagen an Bord traute ich mich in den Häfen, die wir anliefen und in denen es mir erlaubt war an Land zu gehen, hinaus. Nur zum Verständnis: Wir wurden nicht eingesperrt. Es hatte sicherheitsrelevante Gründe, warum ein Teil der Crew (im täglichen Wechsel) an den Hafentagen an Bord bleiben musste. Egal, wo und wann, es musste immer eine bestimmte Anzahl an Mitarbeitern an Bord bleiben. Falls etwas passieren sollte, wie zum Beispiel ein Brand, war es unsere Aufgabe, die auf dem Schiff verbliebenen Gäste (davon gab es erstaunlicherweise jede Menge) zu evakuieren. Nach drei Tagen auf dem Schiff hatte ich das erste Mal, seit meinem Aufstieg, wieder festen Boden unter den Füßen. Ohne zu flunkern: Der Boden schaukelte. Das passierte mir lediglich in den Anfangstagen, danach überkam mich dieses Gefühl nur noch nach sieben Seetagen am Stück. Der Körper war an das leichte (manchmal auch etwas heftigere) Schaukeln des Riesenpotts gewöhnt. Deswegen ist diese Reaktion völlig normal und jeder, der auf einem Kreuzfahrtschiff arbeitet oder Urlaub macht, wird davon erzählen können.

Ich merkte recht schnell, dass in den Häfen mein erster Gedanke war: „Wo ist das nächste freie WLAN?" Ich wollte meiner Familie und meinen Freunden unbedingt erzählen, was sich die ersten Tage abgespielt hatte. Das WLAN an Bord war nicht schlecht, allerdings kostete es Geld, das von unserem Crew-Konto abgezogen wurde. In den Destinationen gab es sehr oft freies Internet in den Hafen-Terminals oder in Cafés und Restaurants. Um zumindest ein wenig unterwegs zu sein und ein bisschen was zu sehen, entschied ich mich oft dazu in die Stadt zu gehen und dort die Augen nach dem „Schild" offen zu halten, auf dem die Besitzer Internet-Suchende (wie uns) anlockten. Dass wir dort dann etwas konsumieren mussten, um in den Genuss freien WLANs zu gelangen, war nebensächlich. Immerhin war es eine Pizza in Neapel, ein Chicken Tandoori in Muskat (Oman) oder eine heiße Schokolade am Nordkap.

In den ersten Wochen war es immer das Gleiche in den Häfen. Runter vom Schiff und die Suche nach „Free-Wifi". Selbst wenn wir eine kleinere oder größere Gruppe waren, dauerte es nach der Bestellung meist nicht lange, bis wir alle über unseren Smartphones hingen und Mails checkten oder Freunde und Familie kontaktierten. Wir nutzten jede Gelegenheit in der Crew Bar, um uns kennenzulernen. Wir sprachen also viel auf dem Schiff. Deswegen war es völlig okay in diesen Momenten das Handy herauszuholen und mit dem WLAN-Netz des Restaurants zu verbinden. Anfangs hielt ich viel Kontakt zu meiner Familie und zu meinen Freunden. Irgendwann merkte ich, dass das stressig wurde. Ich spürte Druck, mich daheim melden zu müssen. Ich war doch in der Welt unterwegs. Und was tat ich? Ich verbrachte die wertvolle Zeit damit zu texten oder zu telefonieren. Irgendwie schräg.

Es ging mir darum, die Länder zu entdecken und nicht in Restaurants zu sitzen und starr auf mein iPhone zu schauen. Deswegen begann ich damit, die Destinationen etwas genauer unter die Lupe zu nehmen. Längere Spaziergänge. Die Umgebung erkunden. Die Krux an der Sache: Es begann ein schleichender Prozess, den ich gern als Abkapseln von meinem alten Leben bezeichne. Dadurch, dass ich diese Zeit für mich haben und die Stunden genießen wollte, meldete ich mich immer weniger zu Hause. Anfangs noch jeden zweiten Tag. Dann nur noch zweimal pro Woche. Einmal. Und dann alle zwei Wochen. Aufgrund meines früheren Jobs kannte ich viele Menschen zu Hause. So nach und nach wurde der Kreis derjenigen, denen ich von meinem neuen Leben erzählen wollte, immer kleiner. Nach sechs Jahren auf See musste ich feststellen, dass er aus meiner Familie und meinem besten Freund mit seiner Familie besteht. Das blieb übrig. Es klingt trauriger als es ist. Es war ja nicht so, dass ich komplett aus dem

Leben der vielen Freunde und Bekannten gestrichen wurde. Es war aber durchaus was dran an dem Spruch: „Aus den Augen, aus dem Sinn".

ANDERE TRÄUMEN DAVON

Jahre später, nach meiner Zeit auf dem Schiff, las ich das Buch: „The Big Five for Life" von John Strelecky. Darin geht es um eine Beziehung zwischen Joe und Thomas, die beiden Hauptprotagonisten in dem Buch. Joe ist unzufrieden mit seinem Leben und lernt die Geheimnisse von Thomas' Erfolg kennen. Der führt seine Unternehmen damit, dass jeder Mitarbeiter seine Bestimmung finden muss, seine Big Five for Life. Wenn diese mit jenen der Firma zusammenpassen, dann werden die Mitarbeiter Erfüllung in ihrem Job und den Unternehmen von Thomas finden. Ganz besonders ist mir der Gedanke aus dem Buch im Kopf geblieben, dass wir alle im Laufe unseres Lebens Erinnerungen sammeln, die wir in unser gedankliches Museum stellen. Am Ende sollte dieses Museum aus allen Nähten platzen, weil es voller schöner Erinnerungen ist.

So ähnlich kann man sich das vorstellen, was ich mir damals dachte, als ich mal wieder in einem Restaurant saß, das Smartphone in der Hand und den Blick auf einen vulkanischen Strand auf der kanarischen Insel Lanzarote gerichtet. Wir waren zu fünft, saßen auf einer Terrasse und tranken etwas. Alle an den Handys. „Das kann ja wohl nicht sein", dachte ich mir. Also stand ich auf und ging zum Strand. Ich ließ die Wellen über meine Füße plätschern und spürte die kleinen Kieselsteine unter meinen nackten Sohlen. Die anderen kamen zu mir und gemeinsam schossen wir jede Menge Fotos. Die Gesichter Richtung Sonne, die Brise im Haar und die Wellen um uns herum. Wir lachten. Wir umarmten uns. Wir erfreuten uns unseres Lebens. In dem Buch „The Big Five for Life" würde Thomas sagen: „Es war ein guter Museums-Tag." Wenn Sie, lieber Leser, liebe Leserin, wissen wollen, was damit gemeint ist, dann empfehle ich Ihnen dringend die Lektüre dieses außergewöhnlichen Werks von John Strelecky.

In diesen Wochen auf den kanarischen Inseln begann die Zeit, in der ich anfing, die Häfen nicht nur auf meiner gedanklichen Weltkarte abzuhaken, sondern zu entdecken. Es folgen nun mehrere kurze Erzählungen von Erlebnissen, die ich während meiner Zeit auf dem Schiff erleben durfte. Es ist nur ein Bruchteil von dem, was ich in sechs Jahren gesehen, gerochen, gegessen, getrunken und gespürt habe und sie gehören zu meinen Highlights. Mir geht es dabei nicht darum, Sie neidisch zu machen. Nur ein bisschen vielleicht.

Als Besatzungsmitglied hatten wir tolle Möglichkeiten, besondere Momente zu sammeln. Von Seiten der Ausflugsabteilung wurden regelmäßig Crew-Ausflüge organisiert. Dabei kamen wir an (für die Gäste) unbekannte Orte in den Häfen und erlebten Verrücktes.

Canyoning auf Madeira

Canyoning (das Begehen einer Schlucht) kannte ich von meiner Heimat im Berchtesgadener Land. Dort werden diese Touren ebenfalls angeboten. Dabei wird man in einen Neopren-Anzug gesteckt, trägt einen Klettergurt, hat einen Helm auf dem Kopf und wandert durch Schluchten, rutscht Wasserfälle hinunter oder springt über mehrere Meter ins Wasser. Die Tour auf Madeira war deswegen so besonders, weil es nur eine kleine Gruppe war. Wir fuhren weit hinauf in die Berge der Blumeninsel. Was uns erwartete war eine unfassbare Aussicht weit aufs Meer hinaus und ein wilder, dichter Dschungel mit faszinierenden Bäumen, Pflanzen und Tieren. Ein Paradies. Nachdem wir uns umgezogen hatten, ging es los Richtung Canyon. Die Tour, die ich dort erleben durfte, übertraf meine Erwartungen. Sprünge, Rutschen, Kletterpartien inklusive Abseilen, das kühle Nass, das meinen Rücken hinunter rann – es war Action und Spaß pur. Entsprechend glücklich kehrten wir nach fünf Stunden zurück aufs Schiff. Erlebnis – unvergesslich.

Abu Dhabi Ferrari World

Dieser Ausflug wurde von der Shore Operations Abteilung organisiert, welche unter anderem für die Organisation der Ausflüge verantwortlich war. Alle paar Wochen organisierten die Kollegen einen Crew-Ausflug. Somit konnten wir auf der Orient-Route zu vergünstigten Preisen in Abu Dhabi in die Ferrari World. Busfahrt inklusive und alles perfekt organisiert. Dort befindet sich die weltbekannte Formel 1 Strecke sowie das größte Ferrari Logo der Welt. Es überspannt das Dach der Ferrari World. Ein riesengroßer Indoor und Outdoor Freizeitpark mit Achterbahnen, Elektro-Kartbahn, Museum und der schnellsten Achterbahn der Welt. In vier Sekunden von null auf 240 km/h: Die Formula Rossa. 20.800 PS sorgen für das knapp Fünffache des Körpergewichts. Mitunter das Beste, das ich jemals in meinem Leben erlebt habe. Da die Zeit knapp war und wir auch andere Teile der Ferrari World sehen wollten, sind wir „nur" fünfmal damit gefahren. Jedes Mal aufs Neue ist uns das Lachen förmlich im Gesicht hängen geblieben – das ein oder andere Sandkorn inklusive. Erlebnis – unbezahlbar.

Die Straßen von Mumbai

In Bayern gibt es ein Sprichwort: „Was der Bauer nicht kennt, frisst er nicht." Ich – im Übrigen abenteuerlustig und jemand der gerne etwas Neues ausprobiert – hatte dieses Gefühl im Winter 2016. Zu diesem Zeitpunkt war ich im Orient unterwegs. Das waren 14-Tages-Reisen in den arabischen Emiraten und in Indien. Wochenlang sträubte ich mich dagegen, in Indiens Großstadt Bombay/Mumbai hinauszugehen. Viele hatten mir davon erzählt, dass es dort nicht schön sei. Die Armut träfe einen schon im Hafen, Menschen, die in ihrem eigenen Dreck liegen, Gestank und ohrenbetäubender Autolärm. Das hatte mich damals so schockiert, dass ich mir sagte: „Da setze ich keinen Fuß an Land." Ehrlich gesagt wollte ich das Elend nicht sehen, weil ich mich danach mit Sicherheit schlecht fühlte. Ich bin froh, dass dann der Tag kam, an dem ich mir sagte: „Du bist in Indien und willst dir das nicht ansehen?! Bist du bescheuert?!" Ich entschied mich dazu, in die Stadt zu gehen beziehungsweise mit dem Taxi zu fahren. Mumbai. Ein Ort, an dem die Autos auf einer zweispurigen Straße zu viert nebeneinander fuhren. Ein Ort, an dem die viktorianischen alten Bauten rechts und links entlang der Straßen ihre Geschichten erzählten. Ein Ort, an dem Sie in alten Antiquitäten-Läden Schätze finden, die nicht mal in der Ebay Welt angeboten werden. Ein Ort, an dem das Essen so lecker schmeckt, dass Sie sich am liebsten hineinlegen wollen. Auf den Spuren von Mahatma Ghandi. Sein Bett. Sein Trinkbecher. Sein Gehstock. Dhobi Ghat – die größte Freiluft-Wäscherei der Welt, erbaut 1890 von den Engländern. Beeindruckend und faszinierend und ich würde mir in den Allerwertesten beißen, hätte ich es nicht einmal gewagt hinauszugehen. Doch ich tat es. Kein Biss in den Hintern. Erlebnis – prägend.

Dubai Burj Khalifa bei Nacht

Wer kann schon von sich behaupten, nachts um kurz vor Mitternacht am Fuße des Burj Khalifa in Dubai zu sitzen, Wasserpfeife zu rauchen, Tee zu trinken und einen leckeren Mitternachtssnack zu genießen? Ich kann das. Denn genau das habe ich gemacht. Mit Dubai hatte ich ein Jahr zuvor meine Schwierigkeiten. Eine künstliche Stadt, mitten in der Wüste. Alles größer, höher, schneller, weiter. Geld und Protz an allen Ecken. Vermummte Frauen und hochnäsige, stolze Männer. Haltet kein Händchen mit eurer Partnerin oder eurem Partner. Homosexuelle sind absolut unerwünscht. Alkohol in der Öffentlichkeit bedeutet Gefängnis. Wer geht da gern hin? Bei meinem Einsatz ein Jahr später habe ich die Stadt für mich entdeckt. Denn, auch wenn so gut wie alles künstlich ist, ist es beeindruckend und ich bin froh, dass mein iPhone einen großen Speicher hat, bei der Fülle an Bildern, die ich geschossen habe. Speziell die Abende mit Wasserpfeife in einem Restaurant neben dem – zum damaligen Zeitpunkt – größten Gebäude der Welt, gaben mir die Möglichkeit mich vollends hinzugeben und zu sagen: „Hey, sei einfach glücklich. Blende alles andere aus und genieße." Ja, auch das gehört zum Leben dazu. Das mag manch einem egoistisch vorkommen, allerdings hatte ich somit jede Menge gute Tage für mein Museum. Erlebnis – einzigartig.

Blindes Vertrauen in der Karibik

Karibik-Kreuzfahrt. Ich glaube jeder, der mit dem Gedanken spielt eine Kreuzfahrt zu unternehmen, träumt davon, den Urlaub in diesem überdimensionalen schwimmenden Hotel in der Karibik zu verbringen. Zweimal war ich in der Karibik im Einsatz und es war eine wunderschöne Zeit. Dort war ich gern allein unterwegs. So auch an einem Vormittag im Februar 2015. Da saß ich auf dem Sozius eines Kleinmotorrads, der Fahrer vor mir war ein Einheimischer der Insel Guadeloupe. Ich hatte ein paar Stunden Zeit und fuhr an den Strand beziehungsweise ließ mich fahren. Mit der Frage „Can you bring me to a nice beach, please?", sprang ich auf den Sitz und ein paar Minuten später bretterten wir über eine Schotterpiste am Meer entlang. Es war heiß, die Luft fühlte sich jedoch angenehm an, was wahrscheinlich am Fahrtwind lag. Denn der umströmte mich sehr schnell. Auf den Tacho zu blicken, wagte ich mich nicht. Mein Fahrer setzte mich an einem wunderschönen Strand ab und ich sagte ihm, er solle mich bitte um 15 Uhr wieder abholen. Hier an dieser Stelle. Dort würde ich auf ihn warten. Und, dass es wichtig sei, dass er um spätestens 15 Uhr an dieser Stelle stehen würde. Er wiederholte noch einmal die genannte Uhrzeit und brauste davon. Ehrlich gesagt, rechnete ich damit, auf der Insel vergessen zu werden und dem Schiff hinterher schwimmen zu müssen. Denn eins war klar: Ob Crew-Mitglied oder Gast, wer nicht pünktlich zurück an Bord war, auf den würde der Kapitän nicht warten. Ja, es wurde alles versucht, um demjenigen die Chance zu geben, es doch noch zu schaffen. Aber der Kapitän konnte nicht ewig warten. Falls mich mein Motorrad-Taxi-Fahrer vergessen hätte, hätte ich viel organisieren müssen. Ich erlebte einen wunderschönen, entspannten Tag. Nur ich und ein Buch, ein großer Baumstamm am Strand, auf dem ich lag und ein paar Kids, die mich neugierig beobachteten. Um kurz vor drei ging ich zum vereinbarten Treffpunkt und hörte schon von weitem: „Hey Buddy!" Er war tatsächlich da. Meine Erleichterung war riesig und ich war pünktlich zurück an Bord. Erlebnis – sonnenverbrannt, aber glücklich.

Während ich diese Zeilen schreibe, fallen mir unzählige Geschichten ein, die mich beeindruckt, fasziniert und geprägt haben. Die Welt zu entdecken ist mitunter das Wichtigste für die Entwicklung eines jeden von uns. Andere Kulturen erleben, Menschen aus aller Herren Länder treffen, Vorurteile abbauen, Erinnerungen fürs Leben sammeln, den Horizont erweitern. Wenn mich junge und alte Menschen fragen, wie die Zeit auf dem Schiff war, sage ich gern: „Ich kann es nur jedem empfehlen." Ich frage dann zurück: „Haben Sie einen Sohn, Enkel, eine Tochter, Enkelin? Sagen Sie ihm/ihr, sie solle auf einem Kreuzfahrtschiff anheuern. Erstens werden ständig Mitarbeiter gesucht. Zweitens bringt einen das weiter. Das Heimweh und die Gedanken an zu Hause holen einen manchmal ein. Die Erlebnisse in den Destinationen entschädigen jedoch für jede Träne, die man vergießt."

 # 9. WAS ICH ALS MANAGER GELERNT HABE

Ich hatte bereits erwähnt, dass ich aus einem kleinen Landkreis stamme. Bereits seit meinem 18. Lebensjahr stand ich als Moderator beim heimischen Radiosender vor dem Mikro. Die Station war sehr klein und wir arbeiteten zwölf bis vierzehn Stunden pro Tag. Nicht nur weil wir mussten, sondern weil wir Spaß daran hatten. Der Sender war unser aller „Baby", wie wir ihn oft nannten. Anfangs spielten wir Musik noch von CDs. Dann startete die Digitalisierung. Gemeinsam bauten wir somit von Jahr zu Jahr den Sender weiter auf und es gelang uns, bei der Bevölkerung großes Vertrauen zu gewinnen. Viele Veränderungsprozesse stießen wir an, reformierten das Programm und begannen Radio richtig geil zu machen. Was wir in all dieser Zeit nicht berücksichtigten, waren so Dinge wie Leitsätze, Leadership oder Mitarbeiter gemäß ihrer Stärken einzusetzen. All das gab es nicht. Fairerweise muss ich dazu sagen: Woher sollten wir das auch wissen? Wir haben es nie gelernt. Von all diesen Dingen hatte ich während meiner Radiozeit nichts gehört. Es ging darum, täglich ein Programm für die Hörer auf die Beine zu stellen. Gedankt hat es niemand. Lob gab es nicht. Entwicklungsgespräche? Fehlanzeige.

Mein Vater hat immer zu mir gesagt: „Thorsten, magst du nicht noch etwas studieren?" Ein Gedanke, bei dem es mir graute. Ich war sehr glücklich und liebte meinen Job. Er war abwechslungsreich, tausende Menschen hörten mir täglich im Radio zu. Ich war als rasender Reporter unterwegs und durfte spannende Persönlichkeiten interviewen. Lediglich im Bereich Sport hätte ich gern noch etwas getan. So stolperte ich über den Universitäts-Lehrgang Sportjournalismus in Salzburg. Von 2005 bis 2007 absolvierte ich das Studium und erhielt die Auszeichnung: „Akademischer Sportjournalist". Damit wollte ich nun Karriere machen. Zu einem Sportsender wechseln oder als Moderator beim Fernsehen arbeiten. Und dann war da noch der Gedanke, der im Laufe der Jahre immer lauter wurde: „Entdecke die Welt. Wie wäre es mit Work & Travel? Oder auswandern? Gibt es deutschsprachige Radiosender in Amerika? Oder auf Mallorca?" Mich packte eine große Unruhe, die mich jahrelang begleitete. Ich las Bücher, war wissbegierig, wollte mich fortbilden und irgendwas anderes machen. Und dann kam der Job auf dem Kreuzfahrtschiff.

VERANTWORTUNG ÜBERNEHMEN

„Ich mache einen Einsatz über fünfeinhalb Monate und dann wars das." Das sagte ich damals zu meinem besten Freund, der als Polizist arbeitet, anfing eine Familie zu gründen und als Beamter eine berufliche und finanzielle Sicherheit genoss. Sein Verständnis für meine Entscheidung war anfangs nur bedingt vorhanden.

Ich heuerte als Moderator an und war offiziell Fachabteilungsleiter an Bord, allerdings ohne Team. Ich vermute, die Position wurde so benannt, um das sehr gute Gehalt rechtfertigen zu können. Ich hatte keine Personalverantwortung, lernte allerdings recht schnell, wie der Hase so lief. Da waren die Personen mit den Streifen auf der Schulter (Offiziere) und der Rest. Wie in den meisten Firmen, gab es schwarze Schafe, die ihre Position und die damit verbundene „Macht" missbrauchten. Neben den hohen Offizieren, die gemeinsam mit dem Kapitän den Schiffsrat bildeten, gab es jede Menge weitere, in den Positionen darunter. Die „echten" Offiziere waren die „Schiffs-Offiziere". Sie haben Seefahrt studiert und trugen entsprechend goldene Streifen auf den Schultern. Der Kapitän war der einzige Mann an Bord, der vier goldene Streifen tragen durfte. Im Halbstreifen-Takt ging es dann nach unten bis zu den Junior Offizieren. Selbstverständlich gab es für sie alle gewisse Privilegien. Dazu gehörte eine Einzelkabine, der Besuch in den Gäste-Restaurants und die schmachtenden Blicke von den Damen und Herren, die einem Offizier – egal ob männlich oder weiblich – regelrecht zu Füßen lagen. Die meisten Heiratsanträge bekam natürlich der „Alte".

Alle Offiziere im Hotel-Bereich trugen die silbernen Streifen auf der Schulter nur, weil das gegenüber den Urlaubern gut aussah. Maskerade halt. Es gab viele Veranstaltungen, bei denen so gut wie alle Offiziere auf dem Schiff sich in ihre Uniform schmissen und gemeinsam in den Bars, Restaurants oder Freidecks unterwegs waren. Eine Augenweide und gute Gelegenheit, um Fotos zu machen. Um es auf den Punkt zu bringen: Je mehr Abzeichen auf der Schulter, umso höher der Rang. Speziell für die übrige Crew war jeder Offizier eine Autoritätsperson. Sicherlich hing das damit zusammen, dass sie im Vorfeld von den Ausbildern entsprechend geimpft wurden, gemäß dem Motto: „Ein Offizier macht Ansagen und du hast zu machen."

Zugegeben, ich hatte in meinem Leben ein leichtes Autoritätsproblem. Ungern ließ ich mir sagen, dass ich etwas besser machen könnte oder, dass ich nicht im Recht sei. Leider habe ich sehr oft in meinem Leben verbal gegen jemanden geschossen und wurde persönlich, wenn ich mich angegriffen fühlte. Und ich war der Meinung, damit anderen gegenüber ehrlich zu sein. An sich eine gute Eigenschaft. Allerdings fehlte mir das diplomatische Geschick. Speziell an eine Situation während meiner Radiozeit erinnere ich mich. Wir hatten einen jungen Praktikanten, der nicht geschaffen war fürs Radio. Er kam eines Tages zu mir und entschuldigte sich dafür, keine Umfrage-Töne auf der Straße gesammelt zu haben. Er könne das nicht, meinte er damals. Fast täglich haben wir Umfragen auf den Straßen in der Region zu allen möglichen Themen gemacht. Das hieß mit dem Mikrofon auf Leute zugehen und ihnen eine Frage zu stellen. Da ich selbst viele Umfragen in meinem Leben gemacht habe, weiß ich, dass das Überwindung kostet. Allerdings muss da jeder durch, der im Radio arbeitet und deswegen kam irgendwann der Punkt an dem das, ohne groß darüber nachzudenken, klappte. Nicht bei unserem Praktikanten. Er kam zu mir ins Büro, erzählte mir, dass er nicht auf Leute zugehen könne. Meine Antwort kam relativ schnell: „Dann bist du nicht geschaffen für diesen Job." Sein Gesicht in diesem Moment werde ich nie vergessen. Er war den Tränen nah, denn er hatte Lust beim Radio zu arbeiten. Anstatt ihn aufzubauen und ihm Tipps zu geben, wie es ihm gelänge, mähte ich einfach drüber. Ich hatte weder nachgedacht, noch Empathie gezeigt oder ihn motiviert.

Ein anderes Beispiel zum Thema „ehrlich" sein ereignete sich Anfang 2005. Eine Mitarbeiterin war frisch dabei und brachte mir voller Stolz eine Moderation, die sie geschrieben hatte. Mein Kommentar: „Das ist Kacke!" Ich warf ihr den Zettel hin, drehte mich um und ging. Was ich erst später erfuhr: Die Kollegin weinte danach sehr, weil sie jegliche Motivation verloren hatte. Sie zweifelte an sich selbst. Und ich hatte kein positives Feedback für sie. Feedback? Was ist das? Mir war das nicht bekannt. Wir wurden so gut wie nie von unserem Chef gelobt. Sein Lieblingssatz war: „Wenn ich nichts sage, dann wird es schon passen." Wie sollte ich es dann an die Kollegen weitergeben? Das Interessante war, dass ich in dieser Zeit spürte, wie meine Motivation verloren ging. Irgendetwas fehlte. Ich war unzufrieden. Hatte keinen Antrieb. Wäre es vielleicht nicht dazu gekommen, wenn ich hin und wieder mal gehört hätte: „Gut gemacht. Danke"?

Ich hatte schlichtweg keine Ahnung welche positiven Auswirkungen eine gute Feedback-Kultur haben kann, beziehungsweise wie sie funktioniert. All das lernte ich Jahre später auf dem Schiff.

FEEDBACK GEBEN – ABER RICHTIG

Nach meinem ersten Einsatz als Moderator standen für mich drei Dinge fest: Alles richtig gemacht. Ich will sofort wieder aufs Schiff. Niemals möchte ich Streifen auf der Schulter tragen. Für mich fühlte es sich damals merkwürdig an. Viele Offiziere, die ich kennenlernte, waren meist unter sich und ließen selten jemanden in die Gruppe. Ja, es gab sie. Diejenigen, die ihre Macht ausspielten und dachten, sie seien die Überflieger in ihrer schicken Uniform. Folgendes sollten wir an dieser Stelle festhalten: Es gibt einige Offiziere, die in dieser Position nichts zu suchen haben. Oder, um es weniger drastisch zu sagen: Sie wurden zu wenig auf ihre Aufgabe als Leader vorbereitet und ins kalte Wasser geschmissen (nicht wörtlich gemeint).

Das Problem auf einem Kreuzfahrtschiff ist die hohe Fluktuation. Viele Mitarbeiter sehen das Anheuern als Abenteuer und weniger als langfristige Möglichkeit, in diesem Job aufzusteigen und zu lernen. Oder, um etwas für die spätere Karriere zu lernen. Deswegen werden bereits nach wenigen Einsätzen Mitarbeiter in Führungspositionen gehoben. Natürlich wird darauf geachtet, ob jemand fleißig und pünktlich ist, ob er mit der nötigen Ernsthaftigkeit an den Job rangeht und, ob er ein bisschen mehr leistet, als von ihm erwartet wird. War das der Fall, ging es in der Karriereleiter einen Schritt nach oben. Oder auch zwei. In den meisten Fällen waren diese in die Position Gehievten ohne Leadership-Erfahrung. Ich gebe zu, bei mir lief es ähnlich schnell. Innerhalb von zwei Jahren wurde ich vom Moderator zum Entertainment Chef an Bord. Manch einer wird sagen: „Naja, es gibt eben Talente und die haben sich das verdient." Allerdings erfuhr ich in meinem ersten Einsatz als Manager, dass ich wenig bis keine Ahnung hatte, Menschen richtig zu führen. Was ich konnte und heute immer noch sehr gut beherrsche: Zuhören. Sympathie und Freundlichkeit ausstrahlen. Energie und gute Laune übertragen. Mehr Arbeitsleistung abliefern, als erwartet wurde. Damit hatte ich sicherlich schon mehr erfüllt als viele andere, die plötzlich mit Streifen auf der Schulter herumliefen. Doch das war noch lange nicht alles, um der Verantwortung gerecht zu werden.

„Deine liebe, freundliche Art wird dir irgendwann auf die Füße fallen", sagte Celina Wortmann zu mir, Verantwortliche für die Entertainment Manager im Entertainment Hauptquartier in Hamburg. Sie arbeitete mich in meinem ersten Einsatz als Spaßminister an Bord ein. Ich kam zwar in meinem Leben ganz gut damit klar, der „Nette" zu sein. Allerdings hatte ich in diesem Sommer 2015 zwei bis drei sehr schwierige Charaktere in meinen Teams. Die nutzten die Art, wie ich das Team anleitete, schnell aus und versuchten die Grenzen auszuloten. Das ging so weit, dass ich Schwierigkeiten mit diesen Kollegen hatte und danach das ein oder andere Gespräch bei meinen Verantwortlichen auf der Landseite führte. Dieses Problem beschreiben heute immer wieder ehemalige Führungskräfte genauso wie diejenigen, die immer noch in der Welt herumschippern. Sie wurden ohne Erfahrung und Leadership-Training befördert und fielen gnadenlos durch. Auf einem Schiff gibt es dieselben Typen Mitarbeiter wie an Land. Speziell die Neidischen, die gern selbst in der Manager-Position wären und es (aus welchem Grund auch immer) nicht wurden, können einem das Leben schwer machen.

Dann gibt es noch diejenigen, die ein Autoritätsproblem haben. Ich war ebenfalls damit gesegnet, kann allerdings sagen, dass ich das sehr gut in den Griff bekommen habe. Ich wusste, wie ich mich unterzuordnen hatte und in welchen Momenten es besser war zu schlucken, „Idiot" zu denken und mich umzudrehen, ohne eine Diskussion vom Zaun zu brechen, die möglicherweise zu einer Verwarnung, wenn nicht sogar zu einer Abmahnung geführt hätte. Das hieß nicht, sich unterzuordnen, weil jemand einen höheren Rang besaß. Ich begann, mehr darüber nachzudenken und eine gewisse Ruhe an den Tag zu legen. Oft überlegte ich mir: Ist das jetzt so wichtig, dass ich mich darüber aufrege? Sprechen wir hier über lebensentscheidende Situationen oder nicht? Was ich bis heute nicht mag ist, wenn sich jemand respektlos verhält. Da verliere ich selbst jeglichen Respekt vor dieser Person. Ja, man wird mit den Jahren schlauer. An Bord gelingt es sehr gut, Stimmung gegen jemanden zu machen. Aufgrund der beengten Verhältnisse begegnen sich Personen sowohl während der Arbeitszeit als auch in der Freizeit. Grüppchen bilden sich schnell. Meinungen werden gebildet und manchmal leider auch Unwahrheiten verbreitet. Deswegen war ich damals froh, mich für einen internen Leadership-Kurs angemeldet zu haben.

Blöderweise fand der Kurs erst nach meinem ersten, verkorksten Einsatz statt. Verkorkst aus Leadership-Sicht. Ich spürte, dass ich in dieser Hinsicht Nachholbedarf hatte und deswegen fuhr ich mit viel Euphorie und Spannung nach Rostock. Dort saß ich mit anderen Entertainment Managern, Hotel Direktoren, Sicherheitsoffizieren und sogar einem Staff Kapitän in einem Schulungsraum. Vor uns unsere beiden Trainer. Der Kurs wurde in englischer Sprache abgehalten, da die Trainer aus Dänemark und den Vereinigen Staaten kamen. Das, was ich dort lernen durfte, veränderte mein Bild und meinen Führungsstil komplett. Zu sehr darf ich aus Gründen der Verschwiegenheit nicht auf die Inhalte eingehen. Was ich sagen kann: Wir gingen an Grenzen. Die Coaches haben bewusst dafür gesorgt, dass wir Fehler begingen, um daraus zu lernen. Erst wenn Sie am eigenen Leib spüren, was Sie falsch gemacht haben, erkennen Sie die Notwendigkeit, umzudenken.

Nehmen wir mein Autoritätsproblem als Beispiel: Wenn früher jemand Kritik äußerte, ging ich sofort in Abwehrhaltung und schoss zurück. Ich war Feedback-resistent. Leider verstand ich nicht, dass sich Kritik auf der Sachebene abspielen sollte und nicht auf der persönlichen Ebene. Ich nahm Dinge persönlich, teilte entsprechend aus und war in meiner Argumentation (Abwehr und Zurückschießen) nicht sachlich. Sachlich sein, das gilt auch für denjenigen, der Feedback gibt. In dieser Hinsicht macht jeder von uns Fehler.

Viele kennen sicherlich den Satz: „Nichts gesagt ist genug gelobt". Je nach geografischer Lage gibt es diese Sätze in Dialekt oder abgewandelt. Mir war ja der Satz so bekannt: „Wenn ich nichts sage, dann wird es schon passen." Motivation? Fehlanzeige. Über Jahre kein Lob. Die Frage, die ich mir stellte: Wofür arbeite ich eigentlich? Bekommt irgendjemand mit, was ich hier leiste? Unabhängig davon, wie ich mit dem ein oder anderen Kollegen umgegangen bin, gab es eine Sache, die ich schon immer automatisch gemacht habe, ohne dass es mir jemand sagen musste. Früher schon habe ich anderen öfter gesagt, wenn sie etwas gut gemacht haben. Loben ist wichtig. Trotzdem fehlten einige Skills und Herangehensweisen. Beispielsweise: Wie sieht es mit sachlichem Feedback-Geben aus, ohne persönlich zu werden oder die Person, der ich ein Feedback gebe, zu verletzen? Hier habe ich im Rahmen des Leadership-Kurses in Rostock sehr gut anwendbare Tools an die Hand bekommen. Folgende Dinge sind entscheidend:

Feedback GEBEN

- Beschreiben, nicht urteilen. Entscheiden Sie nicht, was richtig und was falsch ist.
- Seien Sie spezifisch und exakt in dem, was Sie sagen.
- Legen Sie den Fokus auf das Verhalten. Das kann beobachtet und verändert werden.
- Sprechen Sie aus der Ich-Perspektive und nicht für andere.
Finden Sie den richtigen Zeitpunkt, um Ihr Feedback zu geben.

Nehmen wir folgendes Beispiel: Ein Teilnehmer eines Kurses hat ständig sein Smartphone in der Hand und tippt, während vorne eine Person zu allen Anwesenden spricht. Er hört sich Nachrichten auf WhatsApp an und ist augenscheinlich nicht richtig bei der Sache. Der Trainer, der das beobachtet gibt im Anschluss ein Feedback an den Teilnehmer. Dabei entscheidet der Trainer nicht, ob das Verhalten des Smartphone-Besitzers richtig oder falsch ist. Er beschreibt als Feedback-Gebender lediglich, was ihm aufgefallen ist. In diesem Fall also: Der Teilnehmer tippt auf seinem Handy herum, während vorne jemand spricht. Gleichzeitig sollte er ihm ganz explizit sagen, dass es um diese eine Tatsache geht: Smartphone in der Hand anstatt aufpassen. Im Fokus steht dabei das Verhalten des Teilnehmers, der abwesend wirkt und seine gesamte Konzentration auf den kleinen Bildschirm richtet. Dieses Verhalten ist dem Trainer aufgefallen. Er spricht aus seiner Sicht. Er sollte nicht sagen, dass es den anderen ebenfalls aufgefallen ist. Möglicherweise war das gar nicht so. Oder ihnen ist es egal, ob einer der Kollegen geistig anwesend ist oder nicht. Deswegen funktioniert ein korrektes Feedback nur aus der Ich-Perspektive. Und der richtige Zeitpunkt spielt eine Rolle. Ein Feedback vor allen Anwesenden kann denjenigen, der es erhält, bloßstellen. Möglicherweise entsteht eine Diskussion, die den gesamten Ablauf stört und zu Unruhe führt.

So wie es Regeln für den Feedback-Gebenden gibt, so gibt es auch welche für denjenigen, der das Feedback erhält.

Feedback ERHALTEN

- ⚓ Hören Sie zu und denken Sie über das Gehörte nach.
- ⚓ Hören Sie zu und denken Sie über das Gehörte nach.
- ⚓ Hören Sie zu und denken Sie über das Gehörte nach.
- ⚓ Sprechen Sie nur, wenn Sie mehr Informationen benötigen, um mehr darüber nachzudenken.
- ⚓ Bedanken Sie sich für das Feedback, wenn Ihr Gegenüber fertig ist.

Die einzige Aufgabe, die jemand hat, der eine Rückmeldung erhält: Zuhören und das Gesagte überdenken. Wenn jemandem etwas auffällt, dann erfindet er es nicht (bösartige Absichten lasse ich mal außen vor). Demjenigen, der etwas zu sagen hat, scheint etwas aufgefallen zu sein. Irgendeine Sache hat wohl nicht seinen Vorstellungen oder Wünschen entsprochen. Möglicherweise hat es ihm sauer aufgestoßen. Nicht jeder tickt gleich und manch einer reagiert auf Taten und Worte anders. Wenn das Feedback respektvoll und wertschätzend, sachlich und nicht persönlich artikuliert wird, nehmen Sie es, ohne sich zu rechtfertigen, an. Und wenn Sie etwas nicht verstehen, dürfen Sie nachfragen. Machen Sie sich Notizen, damit Sie die Frage(n) nicht vergessen, während Sie ihr Gegenüber aussprechen lassen. Ganz am Ende haben Sie als derjenige, der ein Feedback erhält, nur noch eine Aufgabe: Danke sagen. Mehr nicht.

Bevor Sie gleich die Formel für ein wertschätzendes, kurzes und perfektes Feedback erhalten, möchte ich noch mit einem Mythos aufräumen. Es ist der Mythos „Die Sandwich-Methode ist super." Das ist sie nämlich nicht. Diese Art von Rückmeldung verpackt ein negatives Feedback zwischen zwei positiven. Unsere Trainer beim Leadership-Kurs sprachen damals von einer „Shit-Sandwich-Methode." Man nehme ein Brötchen, beschmiere es mit Mayonnaise, ein Salatblatt, dann ein Stück Hunde-Kacke, Tomaten, Ketchup und die zweite Hälfte des Brötchens. Diese Art von Feedback ist nichts-sagend und für die Leute gedacht, die ein Problem damit haben, Kritik zu üben. Wofür es keinen Grund gibt. Denn wir sprechen nicht von negativem, sondern von einem „zu verbessern"-Feedback. Ein Beispiel zur Veranschaulichung: Tom hat einen Stroh-Hut auf, ein stylisches T-Shirt an, eine dunkelblaue Jeans und kaputte Turnschuhe. Ich möchte Tom ein Feedback zu seinem heutigen Outfit geben, gemäß der Shit-Sandwich-Methode und sage: „Tom, du hast einen schönen Hut auf, der wunderbar zu deinem stylischen T-Shirt passt. Aber die Turnschuhe sehen abgefuckt aus. Allerdings ist deine neue Hose sehr schön." Damit beschreibe ich zwar was ich an ihm sehe, aber ich sage Tom nicht ob er heute gut aussieht oder nicht. Ob sein Outfit passt oder ob es nicht passt. Er kann damit nichts anfangen, denn er hört sowohl Lob als auch Kritik an den Schuhen zwischendrin. Dies geht allerdings total unter, weil er hört, dass ich seine Hose toll finde. Sandwich-Methode? Streichen. Nehmen Sie sich die unterschiedlichen Dinge, die Ihnen auffallen, einzeln vor. Sagen Sie etwas zu den positiv auffallenden Kleidungsstücken und beenden Sie das positive Feedback mit einem klaren Satz wie: „Trage gern öfter diese Kleidungsstücke, sie stehen dir." Die Turnschuhe nehmen Sie sich in einem eigenen Dreisatz vor, mit dem Hinweis am Ende: „Sorge bitte dafür, künftig mit gepflegten Schuhen herumzulaufen." Da ich diese Art der Rückmeldungen selbst viele Male ausprobiert habe und ich damit sehr erfolgreich meine Mitarbeiter (sanft) in die richtige Richtung schieben konnte, ergibt sich am Ende eine ganz einfache Formel: Der magische Feedback-Dreisatz. Denn es sind nicht mehr als drei Sätze.

Beispiel: Positives Feedback
„**Mir ist aufgefallen**, dass Sie sich während unseres Kurses viele Notizen gemacht haben."
„**Das hat den Effekt auf mich**, dass ich glaube, dass Sie sich an das erinnern werden, was wir hier angesprochen haben."
„**Mein Rat für die Zukunft ist,** dass Sie sich weiterhin Notizen machen, um die hier relevanten Themen zu verstehen. (Alternative: Machen Sie bitte weiter so). Danke."

Ein „zu verbessern"- Feedback
„**Mir ist aufgefallen**, dass Sie während unseres Kurses ständig auf Ihr Smartphone geschaut haben."
„**Das hat den Effekt auf mich**, dass ich unsicher bin, ob Sie mir gerade zuhören und verstehen, was ich sage."
„**Mein Rat für die Zukunft ist,** dass Sie Ihr Smartphone während des Kurses ausschalten und die Pausen dafür nutzen, um Ihre Anrufe zu tätigen oder Nachrichten zu schreiben."

Probieren Sie es aus. Sie werden sehen, dass Sie damit eine positive Wirkung erzielen werden. Mit dieser Art von Feedback motivieren Sie Ihre Mitarbeiter und geben Ihnen eine klare Aussage, wenn Sie etwas zu verbessern haben. Und Lob kann man gar nicht oft genug aussprechen. Oder Dankbarkeit.

INTERKULTURELLES SCHIFFSLEBEN

Es gibt einen wunderbaren Spruch, den ich zum ersten Mal im Jahr 2013 in meinem Debüt-Einsatz gehört habe. Der damalige Entertainment Manager und damit mein Vorgesetzter Alex Schulz hat diesen Spruch am letzten Abend einer Reise an die Gäste gerichtet. Als ich ihn zum ersten Mal gehört habe, hatte ich Tränen in den Augen. Denn er ist so wahr:

„Auf einem Kreuzfahrtschiff arbeiten bis zu 1200 Crew-Mitglieder aus bis zu 35 Nationen mit fünf unterschiedlichen Glaubensrichtungen, bis zu zehn Monate, sieben Tage die Woche, zwölf Stunden am Tag, respektvoll und freundschaftlich auf engstem Raum zusammen. Nationalität, Religion, sexuelle Ausrichtung – all das spielt keine Rolle. Jeder ist gleich. Wäre die Welt ein Kreuzfahrtschiff, dann wäre sie glücklicher und friedlicher."

Damit nicht der Eindruck entsteht, dass auf einem Kreuzfahrtschiff alles Gold ist, was glänzt, möchte ich betonen: Natürlich gibt es Personen, die sich nicht an Regeln halten oder andere nicht mit entsprechendem Respekt behandeln. Hier hat die Reederei allerdings gnadenlos reagiert. Wenn sich jemand nicht an die Regeln hält, wird er (je nach Schwere des Vergehens) umgehend auf die Pier gesetzt. Das gibt es in jedem guten Unternehmen (dort wird ein Mitarbeiter vor die Tür gesetzt), also auch auf einem Kreuzfahrtschiff. Ein ganz besonderes Augenmerk legten die Vorgesetzten auf das Thema „sexual harassment" (sexuelle Belästigung). Hier verstanden Kapitäne und Human Ressources Manager keinen Spaß. Das habe ich 2015 erlebt, als eine Mitarbeiterin Opfer einer solchen Belästigung wurde. Gegen derartige Verfehlungen wurde rigoros vorgegangen.

Ich habe in diesem Buch bereits beschrieben, wie es in dem Wohnzimmer der Crew, in unserer eigenen Bar, zuging. Menschen aus den unterschiedlichsten Nationen kamen hier zusammen und unterhielten sich. Natürlich blieben die Nationalitäten oft unter sich, schon allein aufgrund der Sprachbarrieren. Wenn sich aber jemand an einen Tisch setzte, an dem Kollegen aus anderen Ländern saßen, dann wurde er freundlich begrüßt und sofort miteinbezogen. Geschichten wurden ausgetauscht. Erfahrungen geteilt. Über die Gäste gesprochen. Oder man erzählte sich gegenseitig von seinen Heimatländern. Ein indischer Kollege, der übrigens sehr gut Deutsch sprach, erzählte mir, wie er einmal von einer Kobra verfolgt wurde. Er war mit dem Fahrrad unterwegs nach Hause. Er wohnte in einem Dorf mitten im Dschungel nahe der indischen Stadt Mangaluru, an der westlichen Küste gelegen. Mein Kollege hatte die Kobra mehrere hundert Meter an der Hacke, bevor sie sich entschied, in den Dschungel abzubiegen. Die philippinischen Kollegen erzählten uns von ihren Häusern, in denen sie mit drei, teils sogar vier Generationen zusammenwohnten. Auf engstem Raum. Seitdem ich Bilder davon gesehen habe, überdenke ich viele meiner Luxus-Probleme.

Hier entstanden internationale Freundschaften, Beziehungen und Liebschaften. Es interessierte keinen ob Sie Christ, Muslim, Buddhist oder aus der Kirche ausgetreten sind. Schwul, lesbisch oder Bi? Wen interessiert es?! Leben Sie so, wie Sie es für richtig halten, solange es Ihnen gut dabei geht und Sie sich wohl fühlen. Wir sprachen über unsere ersten Einsätze an Bord. Für jeden ist dieses erste Mal etwas Besonderes und wir erzählten von unseren Erfahrungen, die wir bis dahin sammeln durften. Es gab Sorgen und Nöte. Die asiatischen Kollegen hatten mit Abstand die längsten Einsatz-Zeiten, bis zu zehn Monate. Am Stück. Getrennt von den Liebsten zu Hause. Ich habe einen Vater kennengelernt, der sich von seiner Frau verabschiedet hatte, die im sechsten Monat schwanger war. Nach zehn Monaten kam er nach Hause und hielt plötzlich ein sieben Monate altes Baby in den Händen. Sein Baby. Wir erinnern uns an Rona, die mir ein paar Kapitel zuvor an der Bar erzählte, wie sehr sie ihren Sohn vermisste. Bei diesen Geschichten waren wir Kollegen die „Ersatz-Familie". Menschen, an deren Schulter man sich ausweinen oder einfach nur die Sorgen von der Seele reden konnte. Wir gaben uns innerhalb der Crew gegenseitig Unterstützung und Zuspruche. Ja, es war für die meisten von uns ein Äquivalent. Es war wichtig, sich eine oder mehrere Personen zu suchen, mit der man genau diese Dinge besprechen konnte. Eine Person, bei der man sich gehört fühlte und Trost fand. Das war besonders entscheidend, wenn einen das uns allen bekannte „Vertrags-Tief" ereilte. Nach ein paar Wochen oder auch Monaten an Bord übermannte einen das Heimweh. Ausschlaggebend war möglicherweise ein Skype-Anruf oder eine Nachricht von zu Hause. Genau in diesen Momenten sollte jemand da sein, bei dem man sich ausweinen und Kraft tanken konnte.

Aus Manager Sicht war es ebenfalls interessant, ein interkulturelles Team zu führen. In meinen Teams gab es Deutsche, Ukrainer, Engländer, Franzosen, Kanadier, Amerikaner, Russen, Tschechen, Slowaken, Rumänen, Polen, Ungarn, Serben, Kroaten, Österreicher, Schweizer und Griechen. Es gab erfahrene Mitarbeiter und unerfahrene. Einige hatten viele Jahre bei Firmen an Land gearbeitet, für andere war es der erste Job überhaupt. Um es auf den Punkt zu bringen: Es gab große Unterschiede was Sprache, Erfahrungen, Arbeitseinstellung oder Motivation anging. Meine Hauptaufgabe war, die Motivation hochzuhalten und den Mitarbeitern ein Arbeitsumfeld zu schaffen, das aus Vertrauen, Respekt und Wertschätzung bestand. Doch wie sollte das gelingen, wenn man nur für ein paar Monate aufs Schiff kam und die Fluktuation in dieser Zeit sehr groß war?

Wer auf einem Kreuzfahrtschiff anheuert, erhält einen Vertrag über eine bestimmte Laufzeit. Eine Woche bis zehn Monate – alles ist möglich. Bis auf das Show-Ensemble und die Bands kommen die Team-Mitglieder einzeln und unabhängig von anderen an Bord. Da das Ensemble die Shows gemeinsam einübte, waren die Sänger, Tänzer und Artisten bereits Wochen zuvor an Land bei den Vorbereitungen und Proben zusammen. Bei Bands war es selbstverständlich ebenfalls so, dass sie gemeinsam aufs Schiff kamen. Als Entertainment Manager war ich im Schnitt drei bis vier Monate im Einsatz. Das heißt, ich stand jedes Mal vor der Herausforderung, ein komplett neues Team kennenzulernen, mir die Namen zu merken und herauszufinden wo die Problemfälle lagen. Lief es in dem Team oder nicht? Das war jedes Mal die erste Frage, die ich meinem Kollegen stellte, von dem ich übernahm. Welche Sorgenkinder gibt es? Worauf sollte ich ein Auge werfen? Wie agieren die Fachabteilungsleiter? Für mich war es enorm wichtig, dass meine Fachabteilungsleiter gut in dem waren, was sie taten. Noch viel wichtiger war mir persönlich allerdings, wie sie sich um ihre Teams kümmerten. Wussten sie Bescheid, was dort ablief?

Erkannten sie frühzeitig, wo mögliche „Gefahren" lauerten, die zu Unstimmigkeiten führen könnten? Ein sehr beliebter Satz, den ich in meinen ersten Fachabteilungsleiter-Meetings immer sagte, war: „Ihr seid meine Augen und Ohren in den Teams. Wenn ihr merkt, dass irgendetwas nicht stimmt, dann müssen wir sofort reagieren. Da darf nichts schwelen. Denn, wenn das ‚Feuer' erstmal ausgebrochen ist, ist es zu spät. Ärger müssen wir im Keim ersticken." Dabei überließ ich es den Team-Leadern, wie sie an die Sache herangingen. Das war definitiv ein Vertrauensvorschuss. Allerdings hatte ich immer im Kopf: Wenn jemand in dieser Position ist, hat er bewiesen, dass er Teams führen kann. Doch ich sagte ihnen auch: „Sobald ihr merkt, dass ihr nicht weiterkommt oder ihr Hilfe benötigt, kommt jederzeit zu mir. Gemeinsam werden wir das Problem beheben."

Warum war mir das so wichtig? Wie ich bereits erwähnt habe, sind Seefahrer bis zu zehn Monate an Bord. Weit weg von zu Hause, ohne Familie. In dieser Zeit wird durchgearbeitet, ohne freien Tag. Das Zeiterfassungssystem ist fair und sieht vor, nicht mehr als 14 Stunden innerhalb von 24 Stunden zu arbeiten. Sonst gibt es eine sogenannte „Violation". Ein Problem aus arbeitsschutzrechtlicher Sicht, das am Ende auf den Kapitän zurückfällt. Da jedes Crew-Mitglied an Bord eine Sicherheitsaufgabe hat, ist eine 24/7-Bereitschaft unumgänglich. Außer bei Landgang. Sobald jemand an Bord ist, MUSS er im Notfall dafür sorgen, dass die Gäste evakuiert werden. Er muss seine Safety-Duty wahrnehmen. Egal, ob nachmittags um halb zwei oder nachts um kurz vor vier. Bei meinen Einsätzen hatte ich das Glück, nie ausrücken zu müssen. Hin und wieder hörten wir von Alarmen auf den anderen Schiffen, allerdings waren das in den meisten Fällen Vorsichtsmaßnahmen, die sehr schnell wieder aufgelöst wurden. Der Gedanke war trotzdem im Hinterkopf verankert. Gut leben ließ es sich damit allemal. Vor diesem Hintergrund war mein oberstes Anliegen, dass meine Kollegen motiviert waren und sich wohl fühlten. Das konnten wir gewährleisten, in dem wir viel mit unseren Leuten sprachen und erkannten, wenn es jemandem nicht gut ging. Dies ist eine ganz entscheidende Fähigkeit, die jede Führungskraft haben beziehungsweise erlernen sollte. Die Körpersprache war ein Indiz. Schlechte Laune, traurige Augen, herabhängende Schultern. Das sind Anzeichen, bei denen die Alarmglocken schrillen sollten. Nur wenige Mitarbeiter kommen zu ihrer Führungskraft und sagen: „Hey Chef, mir geht's nicht gut." Aus dem Grund war ich oft und viel in den Arbeitsbereichen meiner Teams unterwegs und habe mir ein Bild vor Ort gemacht. Zum einen, um zu sehen, ob sie ihren Job gut machten. Zum anderen, um zu erkennen, ob alles in Ordnung war. Wenn ich das Gefühl hatte, dass eine Mitarbeiterin oder ein Mitarbeiter nicht gut drauf war, sprach ich mit dem verantwortlichen Fachabteilungsleiter und bat ihn herauszufinden, ob ich richtig lag. Wenn das der Fall war, galt es schnell zu reagieren. Denn aufgrund der beengten Verhältnisse und Räumlichkeiten konnte die Laune eines nicht motivierten Mitarbeiters schnell auf andere überspringen und damit Teams entzweien. Die wenigsten Arbeitgeber gehen auf ihre Kollegen zu und fragen, ob alles in Ordnung ist. Möglicherweise ist schlechte Laune auch darin begründet, dass es Zwist mit einem oder mehreren anderen Team-Mitgliedern gibt. Dann gilt es erst recht einzuwirken und den Riss im Gefüge schnellstmöglich zu kitten.

Viele Gespräche führen. Feedback geben und den Mitarbeitern sagen, woran sie sind. Das ist wichtig, um als Führungskraft auf einem Kreuzfahrtschiff ein funktionierendes Team zu haben. So habe ich es während meiner Seefahrerzeit kennengelernt. Ein Aspekt der sich 1:1 auf alle Unternehmen ausweiten lässt. Nach meiner Erfahrung kann ich sagen: Die wichtigste Aufgabe von Leadern in einem Unternehmen ist, die Augen und Ohren offen zu haben. Mitarbeitern zuhören und nachfragen. Nicht nur in den Meetings sagen: „Meine Bürotür ist immer offen." Sondern aktiv auf die Kollegen zugehen und ins Gespräch kommen.

Wir haben bereits über den Smiling Star Award gesprochen. Ein schiffsinterner Award, den sich pro Reise ein Crew-Mitglied verdienen konnte, wenn er etwas Herausragendes im Bereich Gäste-Service geleistet hat. Darüber hinaus hatten wir Fachbereichsleiter die Möglichkeit, ein Incentive Konto anzuzapfen. Das wurde vom Schiffsrat genehmigt und gab uns die Möglichkeit, unsere Kollegen zu einem Special Brunch auf dem Crew-Deck oder einer Barbecue-Party einzuladen. Jedes Besatzungsmitglied konnte übrigens eine Party auf dem Mitarbeiter-Außendeck ganz hinten auf dem Schiff beantragen. Klassiker waren hier Geburtstagspartys. Zu spottbilligen Preisen konnte Essen in der Küche und Getränke an der Bar bestellt werden. Dazu gab es ein Formular, das jeder ausfüllte und das vom Schiffsrat (in den meisten Fällen) genehmigt wurde. Diese Möglichkeit bot sich auch den Führungskräften.

Mindestens einmal pro Einsatz beantragten wir so etwas für das gesamte Entertainment Team. Wir bestellten, verteilten die Aufgaben was Auf- und Abbau anging und luden ein. Gewöhnlich eröffnete ich das Zusammenkommen und dann wurde es gemütlich. Wir aßen, tranken, hörten Musik und jeder kam mit jedem ins lockere Gespräch. Nicht immer erreichten wir alle damit. Aber der Großteil der Kollegen nahm teil und machte einen glücklichen Eindruck. Ebenso hatten wir die Möglichkeit, für besonders herausragende Leistungen, Gutscheine für den Shop auf dem Schiff, für einen Ausflug oder eine Flasche Wein/Champagner zu verschenken. All dies führte dazu, dass wir motivierte Mitarbeiter hatten. Wobei – ich wiederhole – nach wie vor das Wichtigste war: Die Kollegen hören und ihnen immer wieder klarzumachen, dass sie Teil des großen Ganzen sind. Mit der Aufgabe unseren Gästen eine wunderschöne Zeit zu bescheren. Ich habe in meinen Meetings immer betont, dass jeder Einzelne ein Rädchen ist, das am Ende in ein anderes übergreift mit dem Ziel, den Gesamtbetrieb am Laufen zu halten.

Ich möchte gerne noch eine ganz wichtige Lektion weitergeben, die ich lernen durfte. Es geht um die Gelassenheit, die mir gerade zu Beginn meiner Zeit als Manager und auch in den Jahren zuvor bei meinem heimatlichen Radiosender, fehlte. Viel zu oft nahm ich Dinge wichtig oder investierte Zeit darin, mir über die Ursache eines Problems Gedanken zu machen. Meckern und Jammern, wenn Fehler passierten, konnte ich gut. Stundenlange Diskussionen, schlechte Laune bei allen Beteiligten und KEINE Lösung waren das Resultat. Die Frage, wie man schnell eine passende Lösung für ein Problem finden kann, beantwortete sich mir erst später. Hier kommt noch einmal mein Entertainment Kollege Alex Schulz auf den Plan. Er hat mir eine simple und doch sehr nachhaltig wirkende Erkenntnis mitgegeben.

Ich hatte bereits erzählt, dass mein erster Vertrag als Entertainment Manager nicht wirklich grandios verlief. Nachdem ich den Leadership Kurs besucht hatte, vertrat ich Alex, während er Urlaub hatte. Ich kam an Bord. Bei einer zweitägigen Übergabe gab er mir alle wichtigen Infos sowie einen Überblick über meine künftigen Fachabteilungsleiter. Außerdem erzählte er mir alles Wichtige über die Teams. Nach dem verkorksten Einsatz ein paar Monate zuvor kam ich mit einem neuen Mind-Set aufs Schiff. Ich brachte viel Energie und Motivation aus dem Führungskräfte-Kurs mit und wollte alles richtig machen. Alex spürte, dass ich aufgeregt war und beruhigte mich mit einem kleinen Satz, der eine sehr große Wirkung auf mich hatte: „Ich habe mir angeeignet, mehr Gelassenheit an den Tag zu legen und mir nicht so viele Gedanken über Dinge zu machen, die sich nicht ändern lassen. Einfach bisschen mehr gelassen sein", sagte er bei einem Espresso an der Bar zu mir. Ich erinnere mich noch gut an sein Grinsen, nachdem er das sagte. Dieser Satz hat mich so gepackt, dass ich ihn schnell verinnerlichte. Dinge, die mich vorher tierisch aufgeregt hätten, ließ ich nicht mehr an mich heran. Mit den Monaten und Jahren habe ich das immer weiter verfeinert und gebe diesen Rat an junge Kollegen oder Mitarbeiter weiter. Oder auch an meinen Chef.

WARUM SEEFAHRER DIE BESSEREN MITARBEITER SIND

Nach meiner Zeit als Seefahrer hat es einige Monate gedauert, bis ich wieder im „echten" Leben angekommen bin. An Bord haben wir uns oft den Spaß gemacht und uns gegenseitig gefragt: „Was machst du, wenn du wieder ein normales Leben führst?" Ich kann Ihnen heute sagen: Einfach war es nicht. Für keinen von uns, der länger als zwei Jahre als Seefahrer die Welt bereist hat. Das Leben und Arbeiten an Bord waren wunderbar. Der Verdienst war gut und, wenn man nicht die komplette Heuer draufgehauen hat, konnte man sich gut was ansparen. Viele meiner Kollegen finanzierten sich Wohnungen und Häuser, studierten und machten Urlaub in Ländern, der mehr kostete als die obligatorischen Strandurlaube in Italien oder Kroatien. An Bord hatten wir Manager Privilegien, die den Alltag sehr erleichterten. Hinzu kam das familiäre Zusammenleben mit wunderbaren Menschen und Erlebnisse, die nur ein Seefahrer erleben kann.

Nach diesen Erlebnissen fiel es uns allen schwer, die „Familie" von einem Tag auf den anderen für immer zu verlassen. Sowohl privat als auch beruflich war es hart, den Anker zu werfen. Zwei Anläufe benötigte ich, bis ich meine Mitte und meinen Platz in der Gesellschaft wiedergefunden hatte. Was mich allerdings bestärkte und auch alle anderen bestärken sollte, die vielleicht den „Absprung" schaffen wollen: Seefahrer sind begehrt. Wer sich als ehemaliges Crew-Mitglied bei einer Firma an Land bewirbt, hat gute Chancen. Denn für einen potenziellen Arbeitgeber ist ein Bewerber dieser Kategorie jemand der Erfahrungen gesammelt hat, wie nicht allzu viele andere. Weg von der Familie, raus in die Welt, mit Menschen aus bis zu 35 Nationen zusammenleben und einen knochenharten Job ausüben. All das lässt Personalleiter aufhorchen und erzeugt Interesse. Ein ehemaliges Crew-Mitglied hat vor ein paar Jahren einen Blog-Beitrag veröffentlicht mit der Überschrift: „Warum Seefahrer die besseren Mitarbeiter sind." Dieser Blog-Beitrag ging unter ehemaligen und aktuellen Schiffsmitarbeitern viral und erreichte auch viele Firmeninhaber, HR-Manager und Führungskräfte. Im Folgenden sind nur einige Beispiele aufgeführt, an denen ersichtlich wird, warum eine frühere Beschäftigung auf Schiffen Menschen dazu befähigt, fantastische Mitarbeiter zu sein:

TEAMWORK – Ein Besatzungsmitglied oder Manager, der zuvor auf einem Schiff gearbeitet hat, ist ein Teamplayer. Er hat in einem Umfeld gearbeitet, in dem nicht ein einzelner Mitarbeiter für den Erfolg verantwortlich ist, sondern das Team. Ein ehemaliger Seefahrer kennt die Situation, sich immer wieder in unterschiedlichen Teams einzufinden. Neue Führungskraft. Neue Sicherheitsaufgabe. Veränderte Rahmenbedingungen und unterschiedliche Situationen. Auch die Teams um einen herum ändern sich ständig und es gilt, sich in dieser Umgebung rasch anzupassen. Dafür zu sorgen, dass alles reibungslos funktioniert.

ANPASSUNGSFÄHIGKEIT – Es gibt nur wenige andere Arbeitsplätze, bei denen sich die Menschen so sehr an Veränderungen anpassen müssen wie auf einem Kreuzfahrtschiff. Fast täglich beginnen und enden die Verträge von Managern, Vorgesetzten und Besatzungsmitgliedern. Menschen, mit denen ein Crew-Mitglied heute arbeitet, werden mit ziemlicher Sicherheit nächsten Monat, nächste Woche und sogar morgen andere sein. Das Schiff und die Menschen darauf arbeiten nach einem Zeitplan. Die Besatzung muss sich an die Änderung der Reiseroute anpassen, wenn das Wetter nicht mitspielt. Die Demographie der Gäste ist von Reise zu Reise eine andere. Es gilt flexibel zu sein und manchmal mitten während der Fahrt weitreichende Anpassungen vorzunehmen.

ZEITMANAGEMENT – Mitarbeiter von Kreuzfahrt-Reedereien sind Meister des Zeitmanagements. Die meisten Seefahrer sind es gewohnt, sehr viel und sehr lange am Stück zu arbeiten. Einer meiner Lieblingssätze ist: „Mich kann nichts mehr überraschen oder schocken, was Arbeitszeiten angeht." Ein Großteil der Mannschaft ist daran gewöhnt, mit komplizierten Plänen zu arbeiten und die gewünschten Ergebnisse in kurzer Zeit zu erzielen. Wenn die Aufgabe sofort gelöst werden muss, wird sie erledigt. Priorisieren und effizient arbeiten gehört hier zur Tagesordnung.

KONFLIKTLÖSUNG – Führungskräfte oder Manager, die an Bord eines Schiffes arbeiten, sehen sich oft vor Herausforderungen oder Konflikte gestellt. Diese können mit Pass agieren, anderen Besatzungsmitgliedern und Vorgesetzten auftreten. Beschäftigte auf Kreuzfahrtschiffen wissen, dass der Kontrahent nicht plötzlich verschwinden wird, ohne dass das Problem gelöst ist. Stattdessen sprechen sie die Situation sofort an und versuchen, sie auf die bestmögliche Art und Weise zu lösen. Sie wissen, dass sofort eine Lösung gefunden werden muss, damit das Problem nicht weiterbesteht und komplexer wird. Es wird immer Herausforderungen geben. Besatzungsmitglieder sind brillant darin, sie zu meistern.

LERNBEREITSCHAFT – Die meisten Mitarbeiter steigen nicht auf ein Schiff auf und erwarten, dass sie lediglich über die Gangway gehen und mit der Arbeit beginnen müssen. Es gibt einen Prozess. Verantwortlichkeiten und Abläufe, die man erkennen muss. Es reicht nicht aus, nur zu wissen, wie die Arbeit zu erledigen ist. Sie müssen mehr über ihren Aufgabenbereich und weitere Verantwortlichkeiten lernen, die mit ihrer Arbeit einhergehen. Zum Beispiel Sicherheit, Umweltschutz und interkulturelle Fähigkeiten. Mitarbeiter an Bord von Schiffen sind oft bestrebt, ihre Soft- und Hard-Skills zu verbessern. Sie wissen, dass sie ihre Arbeit umso besser erledigen werden, je mehr Fähigkeiten sie erlernen und anwenden. Aus diesem Grund beschäftigen die meisten Reedereien Trainer und Personalmanager auf ihren Schiffen und investieren in die kontinuierliche Entwicklung von Schulungsprogrammen für alle Mitarbeiter an Bord.

STRESSMANAGEMENT – Wenn ich früher zu meinen Freunden und Bekannten gesagt habe: „Ich gehe auf das nächste Schiff in die Karibik", höre ich sie heute noch sagen: „Du Glückspilz". Aber sie hatten keine Ahnung, mit welchen Herausforderungen ich in den nächsten Wochen zu kämpfen hatte. Ich sah meine Familie monatelang nicht. So erging es uns allen, außer jenen, die mit ihren Männern beziehungsweise Frauen auf demselben Schiff arbeiteten. Was im Übrigen vonseiten der Reederei so gut wie immer ermöglicht wurde. Die Besatzungsmitglieder arbeiten oft lange und unter Berücksichtigung des internationalen Arbeitsrechts

(MLC). Trotzdem ist es ein harter Job, sich mehrere Monate ohne freien Tag aufzuopfern. Zwar investieren Reedereien, um ihre Schiffe mit Unterhaltungsangeboten für die Besatzung auszustatten. Aber viele andere Dinge, die sie zu Hause tun könnten, um Stress abzubauen, stehen möglicherweise nicht zur Verfügung. Das bedeutet, dass sie in der Lage sein müssen, sich auf Stresssituationen selbstständig einzustellen. Aus diesem Grund bin ich überzeugt, dass die Mitarbeiter von Kreuzfahrtschiffen oft Meister des Stressmanagements sind.

INNOVATION – Ein Kreuzfahrtschiff ist ein Ort, das beinahe täglich von innovativen Mitarbeitern lebt. Es gibt Regeln und Vorschriften, die genauestens befolgt werden müssen. Genauso gibt es ausreichend Raum für Innovationen. Das ist entscheidend für den Erfolg. Manager und Besatzungsmitglieder sind immer auf der Suche nach Möglichkeiten, einen Arbeitsablauf zu verfeinern oder bessere Wege zu finden, um Aufgaben zu erledigen. Oft müssen sie die Kosten, Arbeit und Zeit sparen, ohne die Gesamtleistung zu schmälern. Mitarbeiter von Reedereien sind großartige Beobachter und bringen erstaunliche Ideen zu Tage.

VIELFALT – Wenn Sie schon einmal als Seefahrer gearbeitet haben, dann wissen Sie, dass es nur wenige andere Arbeitsplätze gibt, die so viel Vielfalt bieten wie die an Bord. Die Vielfalt an Menschentypen ist groß. Auf den Kuttern, auf denen ich gearbeitet habe, hatten wir Mitarbeiter aus bis zu 35 Nationen, die in einem harmonischen und toleranten Miteinander lebten.

KRISENMANAGEMENT – Auf Schiffen wird es immer Krisen geben. Verpasste Häfen. Krankheiten. Schlechtes Wetter. Notfälle. All das kann zu jeder Stunde passieren. Den Besatzungsmitgliedern wird beigebracht, wie sie mit Krisen umzugehen haben. Denn es gilt, unmittelbar zu handeln und das hat in meiner Zeit auf dem Schiff immer gut funktioniert. Letztendlich muss das Schiff, egal was heute passiert, auch morgen noch in Betrieb sein. Selten kommt alles zum Erliegen. Wenn einer dieser Stahlkolosse gebaut wird, wird erwartet, dass es jede Minute zu jeder Stunde, 24 Stunden am Tag, 365 Tage im Jahr, mindestens 35 Jahre über die Meere schippert.

Dies sind nur einige der Eigenschaften, die Seefahrer vereinen. Das macht ihre Arbeit so erstaunlich. Selten finden Unternehmen Kandidaten, die eine derartige Arbeitsethik mitbringen, wie Schiffsmitarbeiter. Diese Ethik macht sie zu geeigneten Kandidaten, die mit fast allem umgehen können, was sie in einem Job erwartet.

Vergleiche ich meine Jobs außerhalb der Schiffswelt mit der Arbeit an Bord, stelle ich fest: Viele wichtige Dinge, die ich an Bord gelernt habe, helfen mir in meinem jetzigen Arbeitsleben, wobei ich sie nie bei einer Firma an Land gelernt hätte.

10. FAZIT:
EIN UNBEZAHLBARER ERFAHRUNGSSCHATZ

Wenn ich auf meine Seefahrerzeit zurückblicke, kann ich sagen: Es war die prägendste Zeit meines Lebens. Der Alltag in diesem Mikrokosmos war einzigartig. Vor allem eins weiß ich zu schätzen: Das war kein Job. Es war pures Vergnügen und ich bin nach wie vor stolz, Teil dieser Familie (gewesen) zu sein.

Immer wieder werde ich gefragt: „Thorsten, vermisst du das Schiffsleben?" Meine Antwort ist jedes Mal: „Ja, das tue ich." Erst kürzlich habe ich eine ehemalige Kollegin getroffen. Sie hat mittlerweile ein zweijähriges Kind, so wie ich auch. Wir sehen uns ein-, zweimal im Jahr. Bevor wir über unsere Kinder sprechen und darüber, was gerade im Leben so los ist, geben wir uns ein kurzes Update, was wir in den letzten Monaten von unserer ehemaligen „Familie" gehört haben. Welche News gibt es? Schnell kommen wir auch auf unsere gemeinsame Zeit auf dem Schiff und den besonderen Zusammenhalt zu sprechen.

Jede Reise war das gemeinsame Erreichen eines Ziels: Den Gästen unvergessliche Tage zu bereiten. Viele Menschen träumen ihr Leben lang davon, eine Kreuzfahrt zu machen. Früher galt es als elitär, teuer und exklusiv. Mit der Zeit ermöglichten einige Geschäftsmodelle von Reedereien, dass auch jene eine Schiffsreise unternehmen konnten, die sich das nie erträumt hätten. Trotzdem kratzten ganz viele ihre Kröten über Jahre zusammen, um dann irgendwann mit einem dieser großen Dampfer traumhafte Häfen anzulaufen und einen gewissen Luxus zu erleben. Wir Crew-Mitglieder waren dafür verantwortlich, diese Zeit so schön wie möglich zu gestalten. Mit einem Lächeln. Mit Engagement und Freude am Job. Aus Manager-Sicht habe ich gelernt, dass das nur funktioniert, wenn man den Mitarbeitern Vertrauen, Respekt und Wertschätzung entgegenbringt. Denn das sind die Schlüsselwörter, die in meinen Augen die Voraussetzung sind, um einen Ort zu schaffen, an dem der Job Spaß macht. Einen Ort, an dem anerkannt wird, was jeder Einzelne leistet und an dem die Mitarbeiter sich gehört fühlen. Einen Ort, an dem jeder über sich hinauswachsen kann.

Und auch ich bin über mich hinausgewachsen. Alleine die Entscheidung für das Seefahrerleben damals getroffen zu haben trotz aller Befürchtungen und Gründe, die dagegengesprochen haben – hat mich so viel gelehrt. Wo man sich erst unsicher fühlt, steckt meist die Quelle für Wachstum. Diese Erkenntnis hat mir gezeigt, wie wichtig es ist, sich Neuem zu öffnen, Risiken einzugehen und neugierig zu bleiben. Denn was habe ich dadurch für einen unbezahlbaren Erfahrungsschatz gewonnen: Ich durfte die Welt in ihrer unglaublichen Vielfalt und Schönheit entdecken. Ich habe mich mit Menschen ausgetauscht, die aus einem komplett anderen Teil dieser Welt und völlig anderen Lebensrealitäten stammen. Das ermöglichte mir ein Verständnis für unterschiedliche Kulturen, Religionen und sexuelle Orientierungen. Kein Urteilen, falls jemand anderer Meinung war. Stattdessen Offenheit und Respekt. Ich habe für mein Leben gelernt. Dafür, ein Seefahrer gewesen zu sein, bin ich auf ewig dankbar. Es war die prägendste und lehrreichste Zeit meines Lebens. Schiff Ahoi.

DANKSAGUNG

Ein Kapitän auf einem Kreuzfahrtschiff kann das Schiff nicht allein steuern. Er benötigt eine Crew, die ihm dabei hilft, so einen Stahlkoloss sicher durch seichte und wilde Gewässer zu führen. Ob bei Sturm oder bei Flaute – ohne die Crew kommt der Dampfer nicht in Bewegung.

So ist es auch bei einem Buch. Mein Staff-Kapitän (Stellvertreter an Bord) ist Isabelle Müller vom Remote Verlag. Sie hat mich von Anfang an mit Geduld und tollen Ideen begleitet. Sie hat das Steuer übernommen, wenn es nötig war und mir den Spaß und die Freude gelassen, wenn ich mal selbst ans Ruder wollte. Es gab nie einen Moment, in dem ich mich nicht auf sie verlassen konnte.

Auf dieser Reise, der Erstellung meines Buches, war ein zweiter Staff-Kapitän mit an Bord. Meine Lektorin Lena Bauer. Sie hat sich mit voller Kraft voraus auf das Manuskript gestürzt, hat mir hilfreiche Hinweise und Tipps gegeben und dem Buch den nötigen Feinschliff verpasst. Um in der Schiffssprache zu bleiben: Der Kutter schwimmt dank ihres Lektorats sicher und immer mit einer Handbreit Wasser unter dem Kiel.

Großen Dank auch an den Chief (Leitender Ingenieur), meinen Verlag. Ohne den Chief läuft in der Maschine nichts und damit schwimmt das Schiff auf der Stelle. Ohne ihn gibt es kein Licht, keine Klimaanlage (in der Karibik) und keine Heizung (am Nordkap). Die Toiletten und Duschen bleiben trocken und die Navigation fällt aus. Der Remote Verlag ist ein Chief, den man sich nur wünschen kann. Er hat mir nicht nur das Vertrauen geschenkt und mein Manuskript angenommen, sondern auch einen zielgenauen Fahrplan von A-Z erstellt, um das Schiff sicher in den Hafen zu bringen bzw. das Buch erfolgreich zu veröffentlichen inklusive durchdachter Strategie und Maßnahmen, die dazu führen, dass Sie, liebe Leserin, lieber Leser, dieses wunderbare Buch in Ihren Händen halten.

Bereits vor vielen Jahren – ich erinnere mich nicht mehr genau wann – kam mir der Gedanke, ein Buch zu schreiben. Leider fehlte mir immer eine Idee. Bereits während meiner Zeit auf dem Schiff war mir klar: „Über das, was du hier erlebst, musst du ein Buch schreiben. Das glaubt dir keiner." Erzählen ist schön und gut und ich rede für mein Leben gern. Mit einem Buch erreiche ich nun viel mehr Menschen. Das, was ich erleben und erfahren durfte, steht hier schwarz auf weiß. Und wenn es dem ein oder anderen als Inspiration dient, bezüglich Mitarbeitermotivation, dann habe ich vieles richtig gemacht. Als ich diese Idee mit meiner Familie teilte, gab es kein: „Was für eine Schnapsidee!" oder „Du vergeudest deine Zeit." oder „Lass es und kümmer' dich um Wichtigeres." Nichts davon bekam ich zu hören. Ganz im Gegenteil. Meine Familie bestärkte und feuerte mich fleißig an, wenn ich in einer Schreib-Flaute war. Dafür – liebe Mama, Sabine und lieber Daniel – Danke.

Mein letzter Dank geht an Sie. Sie haben sich für das Buch entschieden und es bis hierhin gelesen. Damit scheint es Ihnen gefallen zu haben. Empfehlen Sie es gern weiter oder wie wir an Bord gesagt haben: Kommen Sie bald wieder und bringen Sie Ihre Familie und Freunde mit. Danke und Ahoi.

Der allerletzte Dank gebührt dem Menschen, der auf der einen Seite der Grund dafür war, dass ich mit der Seefahrerei aufhörte. Auf der anderen Seite der Grund ist, warum ich sagen kann: „Mein Leben ist vollkommen." Ich hoffe, dass ich dir ganz bald das Lesen beibringen kann. Denn es ist die schönste Art sich komplett fallen zu lassen. Danke, dass du in mein Leben getreten bist, Elias.

Entdecke weitere Bücher in unserem Online-Shop

www.remote-verlag.de

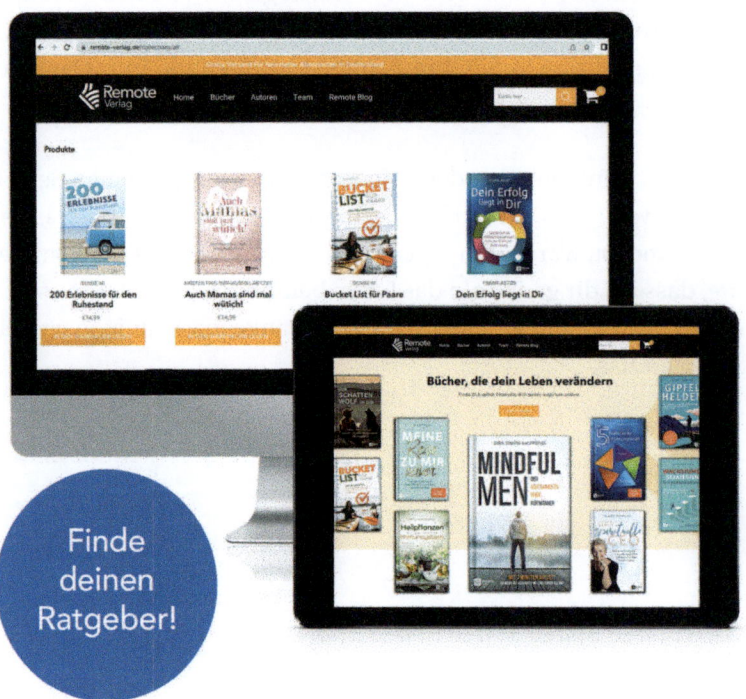